LEÇONS SUR LA PHYSIOLOGIE

DU

SYSTÈME NERVEUX

(SENSIBILITÉ)

ÉVREUX, IMPRIMERIE DE CHARLES HÉRISSEY

COURS AUXILIAIRE DE PHYSIOLOGIE

LEÇONS SUR LA PHYSIOLOGIE

DU

SYSTÈME NERVEUX

(SENSIBILITÉ)

PROFESSÉES A LA FACULTÉ DE MÉDECINE DE PARIS

PAR

Mathias DUVAL

Agrégé à la Faculté de médecine de Paris
Membre de l'Académie de médecine
Professeur d'anatomie à l'École des Beaux-Arts

Recueillies par F. DASSY

Revues par le Professeur

AVEC TRENTE FIGURES DANS LE TEXTE

PARIS
OCTAVE DOIN, ÉDITEUR
8, PLACE DE L'ODÉON, 8

1883

LEÇONS DE PHYSIOLOGIE

PREMIÈRE LEÇON

INTRODUCTION A LA PHYSIOLOGIE

Définition de la physiologie. — Coup d'œil historique. — Observation et expérimentation. — Animaux à sang chaud et à sang froid; carnivores ou herbivores; correction physiologique. — Du fait et de son interprétation. — Déterminisme expérimental. — Des vivisections et des anti-vivisecteurs. — Modes divers de vivisection; des localisations cérébrales; des poisons. — Du microscope. — De la méthode graphique. — Rapports de la physiologie avec la médecine.

Comment peut-on définir la physiologie? La science des phénomènes de la vie. Mais qu'est-ce que la vie? « La vie ne se définit pas, elle se montre » a dit Claude Bernard. Or, la physiologie est comme la vie dont elle est la science, elle ne se définit pas non plus, on la montre pour ainsi dire, en en faisant l'histoire.

L'anatomie isole les différentes parties du corps. Mais si, par exemple, on met à nu le biceps et que, cherchant à savoir l'action de ce muscle, on reconnaît qu'il est fléchisseur de l'avant-bras sur le bras et supinateur, on a fait de la physiologie. De même lorsqu'on étudie une articulation et qu'on examine le rôle des divers ligaments qui contribuent à son fonctionnement, c'est de la physiologie suivant le titre que Galien a donné à son traité : *De usu partium*.

Cette physiologie nous apprend seulement à localiser les phénomènes ; elle nous montre que tel muscle, telle articulation exécute tel mouvement ; qu'à tel organe correspond telle fonction[1]. Mais il faut que la science aille plus loin, il faut que ces phénomènes soient non seulement localisés, mais encore expliqués, et c'est alors que la physiologie atteint un progrès dont la réalisation est de date récente, contemporaine.

Les anciens appelaient à leur aide des hypothèses pour expliquer les phénomènes de la vie, ou plutôt ils ne croyaient pas qu'ils fussent explicables ; c'était le règne du *principe vital*, des *esprits animaux*. Au siècle dernier même, Buffon n'était pas éloigné de penser que, parmi les principes nécessaires à la vie et composant les corps vivants, organisés, il s'en trouvait un tout à fait différent des principes minéraux et absolument insaisissable par l'analyse chimique.

[1] La méthode de *l'interprétation des faits anatomiques*, a dit Broca (*Recherches sur les centres olfactifs*), est assez dédaignée aujourd'hui; mais pendant longtemps elle fut la source presque exclusive des connaissances physiologiques. De là est venue la définition classique de la physiologie : *anatome animata*. La méthode de l'interprétation anatomique ne doit pas être rendue responsable des erreurs des physiologistes des temps passés : ces erreurs sont imputables avant tout à l'imperfection des notions anatomiques qu'ils s'efforçaient d'interpréter. N'oublions point d'ailleurs qu'elle est aujourd'hui encore notre guide principal dans l'étude de certaines fonctions, de celles par exemple qui concernent la mécanique animale. Cela est si vrai que ce n'est pas dans les traités de physiologie, mais dans les traités d'anatomie que se trouve indiquée l'action de chaque muscle; c'est qu'en effet, lorsqu'on connaît exactement les insertions d'un muscle, sa direction, la longueur des leviers sur lesquels il agit et leurs connexions, la détermination de son action n'est plus qu'une question de mécanique. De même la connaissance des mouvements d'une articulation découle de l'examen des surfaces et des moyens d'union; le seul examen des surfaces y suffit même dans les cas si nombreux où l'on ne possède l'animal qu'à l'état de squelette ossile.

Du jour où Lavoisier eut démontré que la composition de la matière organique et celle de la matière inorganique est la même, que les phénomènes de la vie sont identiques aux phénomènes qu'on observe au sein des corps bruts, qu'en un mot, les réactions vitales doivent être expliquées par les réactions physiques ou chimiques ou par des réactions analogues, de ce jour, les progrès de la physiologie ont suivi les progrès de la physique et de la chimie. Jadis, on expliquait l'ascension de l'eau dans un tube en disant que la nature avait horreur du vide, et c'est de pareilles explications qu'on usait pour la physiologie; aujourd'hui, on *observe* et on *expérimente*.

Qu'est-ce donc que l'*observation* et l'*expérimentation*?

Dans l'*observation*, celui qui observe reste inactif vis-à-vis du phénomène. Le physiologiste a souvent recours à cette seule méthode : pour l'étude de certaines parties des organes des sens, par exemple.

Dans l'*expérimentation*, on observe encore, mais on intervient. L'observation pure est vite épuisée, le physiologiste est impatient de pénétrer plus avant : il expérimente. Ce faisant, il introduit toujours un certain trouble dans l'économie; il procède en effet par vivisection ou par introduction de quelque élément toxique. L'expérimentation est une observation prolongée : les phénomènes ont été modifiés pour une nouvelle observation.

L'expérimentateur s'adresse à des animaux, le plus souvent au chien, au lapin et à la grenouille. Or, à ce sujet, on doit se mettre en garde contre certaines idées encore assez répandues parmi les gens du monde ou autres, à savoir qu'on n'est pas autorisé à conclure de l'animal à l'homme, d'après ce qu'on observe sur le premier, surtout si celui-ci est un animal à sang froid. Mais, hâtons-nous de le dire, il n'existe aucune différence *essentielle* entre un animal à sang froid et un animal à sang chaud, il n'y a que des nuances et des degrés. Si le physiologiste aime à expérimenter sur les animaux à sang froid, c'est parce que les propriétés des tissus de ces animaux ont une résistance plus grande, c'est-à-dire que ces tissus conservent plus longtemps après la mort leurs réactions caractéristiques. Que sur un chien qu'on vient de sacrifier on mette à nu le nerf crural, on risquera de n'obtenir aucun phénomène expérimental si l'on a procédé avec quelque lenteur : les tissus ont une vie très active et par suite vite épuisée dès que la respiration et la circulation sont arrêtées. Sur une grenouille, au contraire, les différents éléments anatomiques conservent leurs propriétés, même plusieurs jours après la mort générale de l'organisme, de l'individu. Mais ce n'est là qu'une différence de degré. En effet, ce qui démontre le peu de distance qui sépare un animal à sang froid d'un animal à sang chaud, c'est la possibilité que l'on a de les transformer alternativement l'un en l'autre de la façon suivante : si on élève progressivement la température d'une grenouille jusqu'à 35 ou 37°, on donnera à l'animal une activité très grande, et si on le sacrifie on constatera que les propriétés de ses tissus s'éteindront très rapidement. Inversement, si on place un lapin dans des conditions de refroidissement telles que sa température n'atteigne pas plus de 20 ou 15° (ce qu'on obtient en plongeant l'animal dans un mélange réfrigérant ou en sectionnant sa moelle épinière à la partie supérieure de la région dorsale), on verra qu'après la mort ses tissus présenteront les mêmes réactions que ceux d'une grenouille observée dans les conditions normales.

De même les animaux carnivores diffèrent considérablement au premier abord des herbivores, c'est ce que nous fait voir leur urine, ce miroir de la nutrition : les premiers l'ont acide, les seconds l'ont alcaline. Mais il est facile de transformer, par exemple, les herbivores en carnivores, sans même qu'il soit besoin de les alimenter avec de la viande. Il suffira de soumettre un lapin à l'inanition pendant quelques jours et lorsqu'il aura, après ce temps, épuisé sa réserve végétale, il vivra aux dépens de sa propre substance, il sera devenu autophage et par conséquent carnivore, et son urine présentera une réaction acide.

Ainsi, toutes ces différences ne sont que des différences de degrés et le physiologiste pourra avec certitude, dans tous les cas, appliquer et généraliser ses expériences pourvu qu'il fasse, pour ainsi dire, la *correction* nécessaire en présence des différences de terrain.

On peut donc dire hautement, aujourd'hui, que la physiologie est une science expérimentale.

Le résultat d'une observation, comme celui d'une expérience, est un *fait*, mais il s'agit de bien différencier le fait de son *interprétation*. Souvent on croit énoncer un fait, et on n'énonce que son interprétation.

Lorsque Erasistrate ouvrit un cadavre, il trouva les artères vides et remplies d'air, et il en conclut que les artères distribuaient l'air dans l'intérieur du corps. Le fait était vrai (air dans les artères ouvertes sur le cadavre), l'interprétation ne l'était pas (circulation d'air dans les artères).

En effet, lorsque Galien, pour contrôler l'assertion d'Erasistrate, s'adressa à l'animal vivant, il trouva les artères pleines de sang et il dit que le sang passait des veines dans les artères ; mais, pour aller plus loin que ce fait, pour expliquer le mécanisme de ce passage, il supposa des trous dans la paroi interventriculaire et c'est cette hypothèse erronée qui a subsisté jusqu'à la découverte de Harvey.

Autre exemple plus rapproché de notre époque : Magendie, le père de la physiologie expérimentale, en étudiant le suc pancréatique, dit qu'il se coagulait par la chaleur ; voilà le fait. Il dit alors : le suc pancréatique contient de l'albumine ; voilà la fausse interprétation (Cl. Bernard).

Il fut un temps où l'on discutait en se jetant à la tête des arguments, aujourd'hui, on se combat pour ainsi dire à coups d'expériences. Cependant, on croit alors trop souvent se combattre avec des faits, tandis qu'on va plus loin que ces faits et ce n'est que sur la déduction de ces faits qu'on n'est pas d'accord. Un exemple relativement récent fera comprendre notre pensée :

Magendie et Longet avaient entrepris, en même temps, des expériences sur les pédoncules cérébelleux, et ils étaient arrivés tous les deux à des résultats diamétralement opposés. L'un prétendait que le mouvement de rotation que provoque cette lésion était dirigé du côté sectionné, l'autre, au contraire, qu'il l'était du côté sain. Or, ces deux faits n'avaient pas été rigoureusement *observés*, il y manquait ce que Cl. Bernard a appelé le *déterminisme expérimental*. En effet, un des expérimentateurs coupait le pédoncule cérébelleux en avant et l'autre en arrière. Or, dans la partie antérieure, les fibres nerveuses ne sont point entrecroisées, tandis qu'elles le sont dans la partie postérieure. La section devait, par suite, produire des effets inverses selon son niveau : c'est l'observation exacte de ce niveau qui, ici, constituait le déterminisme de l'expérience.

Il faut donc demander à l'expérience des faits bien *déterminés*. L'expérimentateur doit toujours être affermi par ce principe immuable : Dans les mêmes circonstances, les mêmes causes produisent les mêmes effets. Le déterminisme expérimental consiste à bien déterminer ces circonstances afin qu'elles soient toujours les mêmes, et lorsqu'on est maître du fait, on est maître de sa reproduction ou de sa non-reproduction.

Cela est aussi vrai en physiologie qu'en médecine : ainsi, lorsqu'on ignorait ce que c'est que la gale, on l'attribuait à mille causes diverses, et le traitement était livré au hasard ou à l'application d'idées purement théoriques. L'acarus découvert, ses mœurs étudiées, le déterminisme de la gale se trouva fait. Et tandis qu'autrefois on essayait d'innombrables médications sans obtenir autre chose que des proportions d'à peu près dans le chiffre des guérisons, aujourd'hui on guérit tous les galeux.

Les faits expérimentaux sont obtenus au moyen des vivisections, c'est-à-dire par l'anatomie pratiquée sur l'organe fonctionnant.

On a essayé de jeter quelque discrédit sur les vivisections. On s'est élevé contre la cruauté de ceux qui font endurer dans leur laboratoire des supplices aux animaux. Certes le physiologiste a l'âme aussi sensible qu'un autre homme, mais il voit dans la vivisection autre chose que la douleur de l'animal, il ne la considère que comme un détail insignifiant en face de l'expérience à poursuivre, du fait instructif à acquérir. Est-ce que l'anatomiste qui poursuit avec patience une dissection voit l'aspect répugnant du cadavre et perçoit l'odeur nauséabonde qui s'en exhale? Et, d'ailleurs, s'il fallait supprimer la douleur chez les animaux, ne devrions-nous pas renoncer à bien de nos habitudes pour ne parler que de la viande de boucherie et des foies gras dont on obtient la dégénérescence par un long martyre de l'animal ?

Le physiologiste n'a donc pas à considérer la douleur de l'animal qu'il sacrifie. S'il lui impose la souffrance, c'est pour acheter à ce prix des notions grâce auxquelles le médecin pourra assurer la santé et la vie des êtres humains. Ces applications médicales ne sont pas toujours immédiates ; mais on peut dire qu'elles résulteront tôt ou tard de toute notion physiologique bien acquise ; il en est de même des applications de la physique et de la chimie.

Quand Galvani, après avoir écorché des grenouilles, les avait suspendues à son balcon, il avait observé que, chaque fois que le train postérieur touchait la barre de fer, l'animal était agité de secousses, et cette découverte du fluide électrique devait un jour changer la face du monde [1].

[1] Vers 1794, le professeur de Bologne, voulant étudier le phénomène du choc en retour, avait préparé des pattes de grenouilles selon la manière devenue classique depuis cette époque, et les avait suspendues, par des crochets de cuivre, à la barre de fer du balcon de son laboratoire. Lorsque ces pattes, balancées par le vent, venaient à toucher les barres de fer, il se produisait des contractions dans le muscle. Galvani, en présence de ce phénomène, supposa que les muscles d'une part, et de l'autre les nerfs, étaient chargés d'électricité de nom contraire, qui, se combinant lorsque le contact métallique fermait le circuit, produisait une faible décharge capable d'amener la contraction des muscles. Aujourd'hui, que nous connaissons les propriétés électro-motrices des nerfs et celles des muscles, nous devons reconnaître que l'hypothèse de Galvani se rapprochait singulièrement de la vérité. Mais à cette époque le phénomène était difficile à comprendre par l'explication de deux électricités préexistantes. Aussi Volta, professeur à Pavie, proposa une théorie d'après laquelle le dégagement d'électricité, cause de la contraction musculaire, devait être attribué au contact de deux métaux différents (cuivre et fer). On sait que les recherches entreprises pour vérifier cette idée l'amenèrent à la découverte de la pile. S'en tenant à l'expérience faite avec la patte de grenouille, Galvani montra qu'on obtenait aussi bien la contraction de ces muscles en n'employant qu'un seul métal comme conducteur entre

Les vivisections sont donc légitimes. Reste à en établir les procédés et le mode général. Il y a différentes manières de pratiquer la vivisection d'un animal. Autrefois, le mode de procéder répondait entièrement à l'étymologie du mot : *vivum secare*. On enlevait ou on coupait la partie ou la totalité d'un organe et, des troubles que l'on constatait à la suite de l'opération, on déduisait la fonction. On agit encore ainsi aujourd'hui pour l'étude du fonctionnement des masses cérébrales [1]. Mais ce *modus*

eux et les nerfs; bien plus, il obtint, en rabattant le nerf sur le muscle, la secousse caractéristique qu'on invoque à juste titre aujourd'hui comme l'une des démonstrations les plus élégantes du pouvoir électro-moteur des muscles. Mais cette expérience n'eut alors pour résultat que d'amener Galvani et ses élèves à considérer le nerf comme parcouru par un agent ou fluide nerveux identique à l'agent électrique.

[1] La substance grise corticale des hémisphères cérébraux est le point de réception des impressions périphériques et le point de départ des mouvements volontaires résultant de processus dits psychiques. La substance blanche centrale est le lieu qui permet la conduction des incitations centripètes et centrifuges. Il en résulte que le physiologiste a à chercher, d'un côté, le siège de localisation dans la substance blanche (centripète et centrifuge), de l'autre le siège de la localisation dans la substance grise (actes centraux).

On sait que, dans la substance blanche, la *capsule interne* peut être distinguée en partie antérieure ou *lenticulo-striée* et en partie postérieure ou *lenticulo-optique*. L'observation clinique avait démontré que la région lenticulo-optique renferme des conducteurs centripètes et sensitifs (hémianesthésie d'une moitié du corps à la suite d'une lésion de la capsule interne du côté opposé; faits de Turck, de Jackson, de Charcot, de Vulpian, de Raymond). L'expérimentation chez les animaux, pratiquée par Vayssière, a confirmé les résultats fournis par la clinique et l'anatomie pathologique. Vayssière est parvenu, en effet, à couper circulairement, à l'aide d'un trocart spécial, la partie postérieure de la capsule interne et à produire par cette opération *une anesthésie complète* de la moitié opposée du corps. — Au contraire, la région lentriculo-striée renferme des conducteurs centrifuges ou moteurs; la clinique avait établi ce fait (Charcot), Carville et Duret l'ont mis hors de contestation en faisant voir que lorsque, sur des chiens, on lèsait les parties antérieures de la capsule interne, il se produisait du côté opposé du corps une paralysie complète du mouvement.

Les localisations dans la substance grise corticale furent d'abord tentées par Gall; son système *phrénologique* tomba justement dans un profond discrédit, car Gall se basait sur le *cranioscopie* et croyait que *faciendi* permet, à la rigueur, la *localisation* du phénomène, mais non son *explication*. Parfois même ce procédé ne donne que peu ou pas de résultats, car il peut y avoir des organes qui suppléent à l'organe enlevé. Ainsi on enlève la rate à un animal, celui-ci peut sur-

certains renflements de la boîte crânienne correspondaient à certaines dispositions intellectuelles. A Broca revient l'honneur d'avoir démontré que le principe de Gall n'était faux que parce qu'il avait reçu de fausses applications et d'avoir établi « que l'ensemble des circonvolutions ne constitue pas un seul organe, mais plusieurs organes ou plusieurs groupes d'organes, et qu'il y a dans le cerveau de grandes régions distinctes correspondant aux grandes régions de l'esprit ». Broca a donné une éclatante démonstration de son principe des localisations cérébrales en déterminant d'une manière définitive et incontestable dans la troisième circonvolution frontale du côté gauche *la faculté du langage articulé.*

Divers expérimentateurs (Fritsch et Hitzig, Ferrier, Charcot, Landouzy), ont cherché à déterminer différentes localisations cérébrales à l'aide d'excitations expérimentales portées sur certaines parties de l'écorce cérébrale. Ces expériences de *localisations corticales* ne sont pas à l'abri des objections : sans nier ces localisations, nous croyons que les phénomènes observés sont plutôt dus à l'excitation ou à la lésion des faisceaux blancs sous-jacents à la substance grise corticale. Nous ne trouvons pas dans les faits cliniques ou expérimentaux, jusqu'ici observés, des preuves suffisante des *localisations motrices* dans l'écorce grise du cerveau. Nous n'admettons, quant à présent, comme absolument démontré que le siège de la faculté *intellectuelle* du langage. D'ailleurs, la question de l'*excitabilité directe* de la substance grise n'est encore nullement démontrée : le courant faradique, dont on se sert pour la constatation de cette excitabilité, diffuse probablement à travers l'écorce grise du cerveau et va exciter la substance blanche.

Le principal moyen d'expérimentation dont on se sert pour la détermination des localisations cérébrales est l'électricité appliquée sous toutes ses formes. On peut procéder également par la destruction des régions dont on cherche à déterminer le fonctionnement spécial (Carville et Duret). On s'est servi également de l'acide osmique introduit à la surface ou à la profondeur des circonvolutions cérébrales (Thèse Lemoine) ou bien encore de liquides corrosifs (Fournié, Beaunis).

Un procédé qui se rapprocherait le plus de ceux de la nature morbide dans la production des lésions organiques, réaliserait, en quelque sorte, sur le terrain de l'expérimentation, les résultats cliniques. C'est le procédé que M. Laborde s'est efforcé de chercher et de mettre en pratique, et que M. Lemoine a repris pour ses recherches des localisations cérébrales.

Il consiste essentiellement à introduire, dans les diverses régions de la masse nerveuse encéphalique, du sang en nature, au moment où il vivre sans trouble appréciable; on n'en peut conclure que la rate ne sert à rien.

Les physiologistes modernes ont l'avantage de pouvoir se servir, selon l'expression figurée de Cl. Bernard, de scalpels extrêmement fins et délicats qui leur permettent de supprimer *momentanément* une fonction, de l'isoler. Nous voulons parler des substances toxiques,

sort d'un artère ou d'une veine, de façon à produire de véritables foyers hémorrhagiques. Déjà, dans ses recherches sur la production expérimentale de l'hémorragie méningée, M. Laborde avait posé le principe de cette méthode en provoquant l'épanchement sanguin, au moyen de la piqûre directe de certains vaisseaux siégeant dans le territoire organique de la lésion. Mais il convient de remarquer que, dans ce cas les choses se passent à la surface et presque en dehors de la substance cérébrale, dans la cavité arachnoïdienne, sur des vaisseaux très accessibles, tels que les sinus veineux, notamment le sinus longitudinal supérieur. Les conditions sont loin d'être les mêmes quand il s'agit de la production expérimentale d'hémorragies parenchymateuses, profondes, et l'on ne peut y arriver, au moyen de la déchirure et de la section des vaisseaux, sans réaliser des traumatismes plus ou moins étendus à travers les éléments de la substance nerveuse; traumatismes qui dépassent habituellement la limite des lésions que l'on désire provoquer : c'est ce qui est arrivé dans la plupart des tentatives de cette nature, notamment dans celles de Vayssière et de Raymond, bien qu'aux mains de ces deux expérimentateurs, ces tentatives aient donné, il est juste de le reconnaître, des résultats forts intéressants. Introduire du sang en nature, et sous la pression même de la circulation normale de l'animal, dans diverses régions de la masse encéphalique, de façon à produire des foyers plus ou moins circonscrits, tout en réduisant à leur minimum les traumatismes nécessités par l'expérience, tel est le but que M. Lemoine s'est proposé d'atteindre avec M. Laborde. Le dispositif expérimental employé pour cela est des plus simples : un petit trou est pratiqué dans la paroi de la calotte crânienne, dans la région visée, à l'aide d'un perforateur à villebrequin, et à travers une toute petite plaie des téguments : le perforateur n'est pas autre chose que la pointe d'un trocart armé d'une canule. Une fois l'os traversé, on retire le perforateur, et la canule reste seule en place. Par son extrémité extérieure, disposée *ad hoc*, la canule est reliée à un tube de caoutchouc en communication avec un vaisseau artériel ou veineux d'un autre animal préparé d'avance (l'artère convient mieux pour le facile écoulement du sang). Les choses étant ainsi, il suffit de faire pénétrer la canule jusqu'au point où l'on désire faire l'hémorragie, et qu'une étude préalable de la topographie cérébrale dans ses rapports avec l'enveloppe crânienne permet d'atteindre avec une certaine sûreté; puis de lâcher le courant sanguin des poisons, comme le curare qui n'agit que sur les nerfs du mouvement [1].

D'un autre côté, le microscope nous révèle des éléments actifs que les moyens ordinaires d'observation seraient impuissants à nous faire découvrir : les cils vibratiles de certains épithéliums, par exemple, ces cils dont l'importance est telle qu'on peut dire que, sans eux, il n'y aurait pas de génération possible, car on sait que c'est par eux que progresse l'ovule jusqu'à l'utérus, en passant par le conduit tubaire. On peut se rendre facilement compte de la puissance et de la rapidité d'action des cils vibratiles par l'expérience suivante : Sur l'œsophage ouvert et étalé d'une grenouille, on répand de la poudre de charbon et on s'aperçoit qu'immédiate-

que retenait une pince à compression; et le foyer hémorragique s'effectue. Les phénomènes fonctionnels qui ne tardent pas à se manifester, et qui reproduisent d'habitude, avec une saisissante similitude, le tableau de l'ictus apoplectique tel qu'on l'observe chez l'homme, avertissent du moment où le courant sanguin doit être fermé, soit pour éviter la mort rapide, soit pour borner les accidents provoqués au degré approximatif que l'on désire atteindre. (Lemoine. Thèse de Paris, 1880.)

[1] Les poisons dont la physiologie expérimentale se sert ont une action spéciale sur tel ou tel élément anatomique, par exemple soit sur le système nerveux central, soit sur le système nerveux périphérique. — La *strychnine* a une action élective sur la moelle épinière, en exagérant son pouvoir excito-moteur. La *brucine*, la *picrotoxine*, la *cicutoxine*, le *principe que renferme le maïs avarié*, la *colchicine*, la *thébaïne*, la *codéine* ont une action analogue à celle de la strychnine. — L'*aconitine* agit plus particulièrement en diminuant l'excitabilité des nerfs de conduction centripète ou sensitive (Laborde et Franceschini); cependant Rouget et Guillaud pensent que cet alcaloïde agit primitivement sur le système nerveux central en excitant d'abord et en paralysant ensuite son activité. — Le *curare* est sans action sur les centres nerveux; il détruit, ainsi que nous le verrons plus loin, les fonctions des nerfs moteurs en respectant les nerfs sensitifs correspondants ; il supprime donc uniquement les fonctions des nerfs centrifuges. — La *conicine*, la *lobéline*, la *lycoctonnie*, la *delphine* sont également des poisons des nerfs moteurs ; mais ces derniers poisons, en agissant tout d'abord sur les nerfs centrifuges, amènent bientôt d'autres modifications dans le reste de l'appareil nerveux et de l'économie en général.

ment après cette opération cette poudre est véhiculée de proche en proche jusqu'à l'orifice de l'estomac. Ce sont les cils vibratiles qui, même en dépit de l'action de la pesanteur, accomplissent ce travail, lequel a lieu avec une si grande rapidité que la place qui, tout à l'heure, était noire de poussière de charbon, est devenue complètement nette au bout de trois minutes.

Enfin, la méthode graphique, que M. Marey a poussée à un si haut degré de perfection, est à la disposition du physiologiste; par elle il peut inscrire dans leurs plus délicates oscillations les mouvements dont il ne pourrait avoir autrement qu'une idée incomplète et grossière[1].

[1] Le témoignage de nos sens ne nous donne souvent aucune signification absolue de la valeur exacte des phénomènes observés. Il nous faut, par exemple, des instruments de précision pour mesurer les dimensions, le poids d'un corps ainsi que sa composition, afin d'avoir ainsi une idée juste de son *état statique*. Les erreurs auxquelles nous exposent nos sens sont encore plus notables lorsqu'il s'agit de l'appréciation de l'*état dynamique* des corps, c'est-à-dire lorsqu'il faut nous rendre compte des mouvements variés que peut subir ce corps sous l'influence de modifications quelconques : les espaces de temps infiniment petits, les mouvements trop rapides ou trop faibles nous échappent dans leur incessante mobilité. Mais à l'aide d'appareils inscripteurs spéciaux tout cela peut être saisi et fixé. Tels sont les avantages de la méthode graphique, dont le principe et les nombreuses applications ont été si magistralement établis par le professeur Marey.

L'expression graphique peut-être adaptée à toutes les sciences; la *courbe* de tous les phénomènes peut être représentée et servir de moyen de représentation et aussi de recherche; elle peut mener en outre à des conceptions toutes nouvelles. Nous citerons les graphiques employés en météréologie, en économie sociale, en démographie, les courbes de température employées en médecine. La méthode graphique nous rend exactement compte de la relation de l'espace au temps qui est l'essence du mouvement, de la vitesse et du travail produit; elle traduit, en un mot, les phases de tous les phénomènes les plus divers avec un synchronisme parfait.

Un exemple fera bien comprendre le principe général et les applications de cette méthode graphique à la physiologie.

Supposons qu'on veuille inscrire une secousse musculaire : on sait qu'un mouvement musculaire se compose d'un raccourcissement suivi d'un retour du muscle à sa dimension normale. On prendra, par exemple, une grenouille dont on attachera le tendon d'Achille à un levier relié à

C'est cette méthode qui lui fait voir ce qu'il ne songerait pas peut-être à regarder, qui lui permet, pendant qu'un phénomène est enregistré, de surveiller concurremment d'autres manifestations expérimentales, et qui lui fixe rigoureusement et pour toujours les diverses phases d'un processus physiologique, de telle sorte que le *tracé*, une fois obtenu, peut toujours au besoin être consulté. A ce point de vue la méthode graphique nous permet pour ainsi dire de photographier le mouvement : elle se substitue aux sens de l'observateur et lui donne le dessin, le tracé des diverses phases du phénomène. On se rendra compte des services que rend la méthode graphique par l'anecdote suivante et les comparaisons qu'on peut en faire découler. Une discussion était un jour engagée à l'Académie des sciences au sujet de certains phénomènes qui peuvent ou doivent se passer dans les comètes, et il était impossible, vu le lieu et le moment, de donner aux diverses opinions qui se manifestaient la sanction de l'observation, car on avait négligé, lors des récentes apparitions des comètes, de noter les détails qui faisaient l'objet de la discussion. Un membre de l'Académie eut alors l'idée de recourir aux photographies qui avaient été prises à cette époque et c'est ainsi que la question controversée put être résolue, car on trouva fidèlement reproduits sur la photographie le phénomène qu'on avait négligé d'observer.

Eh bien, c'est dans des circonstances analogues que la méthode graphique devient précieuse pour le physio-

un tambour en caoutchouc. Ce tambour communique au moyen d'un tube en caoutchouc à un autre tambour auquel est fixé un style inscripteur destiné à tracer ses oscillations sur un cylindre tournant noirci. Toutes les fois que le muscle de la grenouille se contractera, c'est-à-dire se raccourcira, le levier pressé sur le premier tambour en caoutchouc expulsera de celui-ci une certaine quantité d'air qui, se propageant à travers le tube en caoutchouc jusqu'au second tambour, fera vibrer la logiste, car, nous l'avons dit, elle est bien réellement la *photographie du mouvement.*

Il nous faut maintenant étudier quels sont les rapports de la physiologie avec la médecine. Ces rapports sont tels qu'on peut dire que la physiologie est la base de la médecine; il est évident, en effet, qu'on ne saurait com-

membrane de celui-ci et, par suite, osciller le style inscripteur qui y est adapté. L'oscillation obtenue de la sorte sera inscrite sur le cylindre tournant et représentera la courbe graphique de la contraction musculaire.

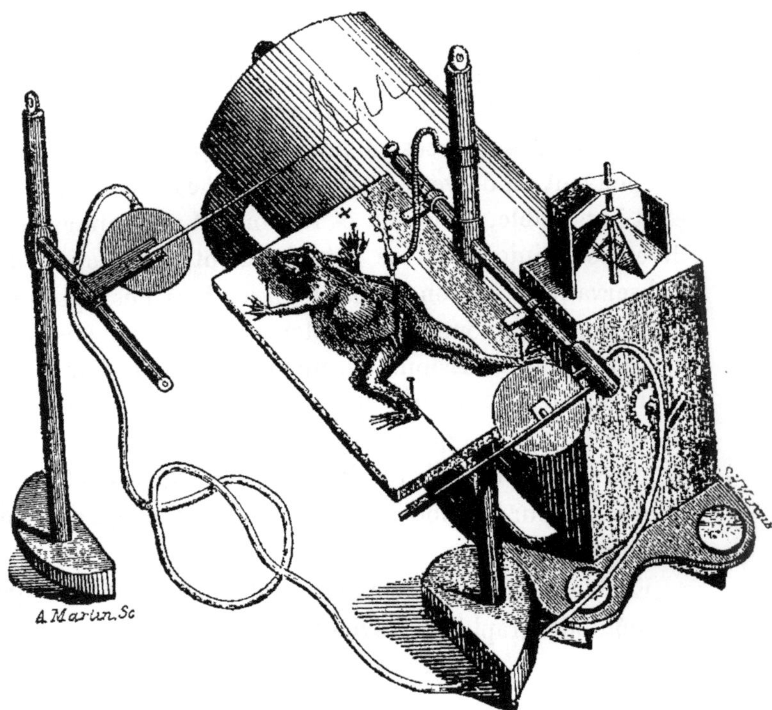

Fig. 1. Grenouille disposée pour l'étude du graphique musculaire avec le myographe à transmission et le cylindre enregistreur.

prendre la lésion si on ignore le fonctionnement de l'organe. Jadis, on établissait volontiers une ligne de démarcation absolue entre l'organe sain et l'organe malade. Est-il besoin de réfuter aujourd'hui au sein de l'école de Paris cette théorie surannée? De même qu'un édifice construit d'après les lois de la mécanique ne s'écroule qu'en obéissant à ces mêmes lois, de même l'organe sain ne se soustrait pas aux lois qui le gouvernent en devenant malade. Ce qui explique le fonctionnement explique la perturbation, et tout chapitre de la physiologie est une introduction à un chapitre de la médecine. Qu'on ait affaire à la maladie d'un organe ou à un syndrome, à une entité morbide, les lois restent les mêmes. La fièvre, par exemple, n'est que la suite du chapitre « chaleur » en physiologie; en effet, par certaines lésions du système nerveux, on peut expérimentalement produire la fièvre chez un animal. Prenons encore pour exemple une maladie qui a longtemps passé pour être quelque chose de tout à fait extraordinaire et tout à fait en dehors des lois physiologiques, le diabète : alors même qu'il ne reçoit pas de sucre par l'alimentation, le diabétique en produit. Or, en étudiant les phénomènes de nutrition Cl. Bernard a vu et démontré que toujours l'organisme sain produit du sucre au moyen du foie. Dans les conditions physiologiques, ce sucre est utilisé; lorsqu'il ne l'est plus, ou lorsque le sucre est produit en trop grande quantité, alors seulement l'état pathologique est créé et le sucre apparaît dans les urines. Nous voyons donc que, si la fièvre est constituée par un excès dans la production de la chaleur, le diabète est constitué par un excès dans la production du sucre, et qu'en somme le chapitre *diabète* n'est que la suite du chapitre *glycogénèse*. Dans les deux cas il n'y a qu'exagération d'un acte, d'une fonction normale.

La médecine n'a progressé que là où la physiologie a avancé. On dira peut-être que les progrès réalisés n'ont pas été grands, mais il faut songer que la physiologie expérimentale ne date que de Magendie, c'est-à-dire de la première moitié de ce siècle. Les progrès sont donc relativement considérables, et ils permettent d'envisager l'avenir avec beaucoup d'espérances.

La thérapeutique a, en particulier, avec la physiologie des rapports non moins intimes que la pathologie en général. Sans doute, beaucoup de médicaments ont été depuis longtemps et sont encore aujourd'hui administrés d'une façon absolument empirique, comme la quinine, par exemple. Mais combien d'autres ont-ils été introduits dans la thérapeutique à la suite d'expériences de laboratoire et combien en est-il dont l'action n'a véritablement été connue et par suite bien appliquée, bien dosée, qu'après les expérimentations *in anima vili?* On sait depuis fort longtemps que l'opium fait dormir, on savait aussi qu'il produit quelquefois un effet tout contraire, c'est-à-dire qu'il excite; ce médicament ne semblait donc pas avoir de déterminisme, d'action toujours identique. Il aurait produit des effets inverses selon les sujets! Ce n'est qu'à la suite des recherches et des expériences de Cl. Bernard qu'on a pu se rendre compte de ces actions différentes; l'illustre physiologiste a trouvé, en effet, dans l'opium six alcaloïdes dont trois sont soporifiques et trois autres convulsivants; et suivant le degré de susceptibilité des individus c'est l'action de l'un ou de l'autre de ces alcaloïdes qui manifeste ses effets d'une manière prépondérante; l'opium n'a pas des actions diverses selon les sujets, mais parmi les actions multiples de sa substance complexe, c'est ou l'effet soporifique ou l'effet excitant qui domine.

Les procédés expérimentaux de la physiologie ont eux-mêmes leurs applications en médecine. Ainsi la thérapeutique a emprunté à la physiologie une de ses méthodes pour l'administration des médicaments, méthode d'un effet rapide et exact, nous voulons parler de l'injection sous-cutanée. Ce fut Magendie qui l'employa pour la première fois en cherchant un moyen de se soustraire, dans ses recherches sur l'action des poisons, à l'infidélité de l'absorption stomacale. Ce physiologiste pratiquait ses injections dans la cavité pleurale et on a substitué plus tard à ce procédé l'injection sous-cutanée.

Nous sommes donc autorisé à conclure que la physiologie est la base de la médecine et de la thérapeutique, qui deviennent elles-mêmes, par ce fait, des sciences expérimentales.

DEUXIÈME LEÇON

LE SYSTÈME NERVEUX ET LA SENSIBILITÉ

Sensibilité. — Système nerveux en général. — Découverte de Magendie : nerfs moteurs et nerfs sensitifs. — Nerfs mixtes. — Centres. — Fibre nerveuse. — Cellule nerveuse.

On peut adopter pour la sensibilité cette définition, sauf à la perfectionner par des exemples, à savoir qu'elle est la propriété des corps vivants par laquelle ils sont impressionnés par une excitation extérieure et réagissent contre elle.

Le microscope nous révèle l'existence d'infusoires ou d'amibes dont l'organisme tout entier n'est composé que par une simple cellule au globule de protoplasma. Si l'on fait arriver au contact de l'*amibe* une goutte d'acide acétique dilué, on la verra se ratatiner sur elle-même et faire rentrer dans sa masse les prolongements par lesquels elle s'était pour ainsi dire épanouie : l'animal a cherché à se soustraire à l'action de l'acide, il a senti et réagi. Mais, dans de semblables organismes inférieurs, tout est sensible, les fonctions ne sont pas localisées; les mêmes organes effectuent cumulativement des fonctions diverses comme la circulation, la digestion, l'innervation. La *division du travail* n'existe pas. Avec la perfection des êtres, il y a augmentation de volume, différenciation des éléments, formation de tissus, d'organes, de systèmes, en un mot localisation des fonctions. Lorsque l'acide vient toucher l'amibe, l'organisme se contracte tout entier, mais chez un animal plus élevé, ce sont des organes souvent très éloignés du lieu périphérique d'excitation qui réagissent. Il y a chez ces derniers transport et circulation de l'excitation de la même façon qu'il y a transport et circulation des matériaux introduits dans le sang; de même que le cœur, appareil de la vie de nutrition, reçoit par des vaisseaux afférents des matériaux de nutrition, qu'il les centralise pour ainsi dire d'une manière momentanée et que finalement par l'intermédiaire de vaisseaux efférents il les distribue à chaque organe situé dans la profondeur et à la périphérie de l'organisme, de même, chez les animaux supérieurs, il existe un appareil de la vie de relation recevant, centralisant et distribuant les excitations venues du milieu extérieur.

Cet appareil est le système nerveux.

On peut comparer le système nerveux à un système télégraphique établi sur un champ de guerre : les troupes et les éclaireurs représentent la zone périphérique sensible, le général placé au centre reçoit les informations, les impressions; une fois reçues, il les combine, tire des déductions et expédie ensuite des ordres pour l'action. On trouve donc ici des fils centripètes, un centre et des fils centrifuges.

C'est là l'image du système nerveux. Celui-ci, en effet, se compose de conducteurs centripètes qui partent de la périphérie, de centres qui reçoivent et élaborent les excitations et qui les expédient par des conducteurs centrifuges. Les conducteurs centripètes sont les nerfs sensitifs, les centres sont le cerveau et la moelle, et les conducteurs centrifuges les nerfs moteurs.

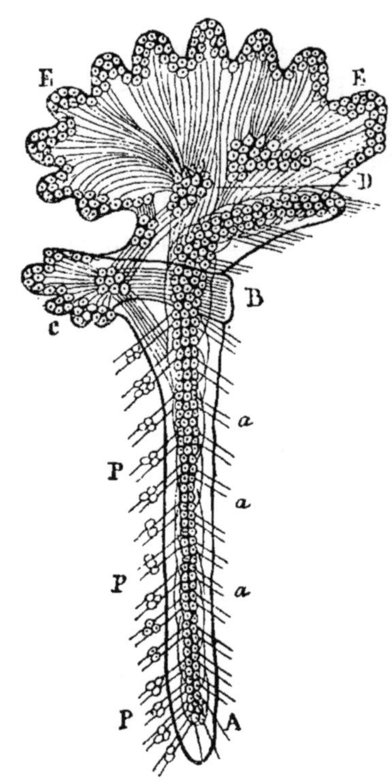

Fig. 2. Schéma du système nerveux central.

A. A. A. Moelle épinière avec ses commissures; — B. région de la protubérance; — C, cervelet; — D, couches optiques et corps striés; — E. E, substance grise (corticale) des circonvolutions cérébrales; *a*, *a*, *a*, racines antérieures; P. P. P, racines postérieures (Küss et Duval).

Le fait de l'existence indépendante de nerfs sensitifs et de nerfs moteurs est, après la découverte de la circulation du sang, la plus grande conquête de la physiologie. Un Anglais, Harvey, a découvert la circulation du sang; un Français, Magendie, a distingué les nerfs moteurs et les nerfs sensitifs. Ch. Bell avait entrevu et cherché sans succès ce que Magendie a démontré. Malheureusement, le physiologiste anglais semble avoir essayé de s'attribuer la gloire de la découverte de notre compatriote. En comparant exactement les textes des divers écrits de Ch. Bell, M. Vulpian a montré, en effet, que Ch. Bell, dans la seconde édition de son travail, n'avait pas exactement conservé la rédaction primitive, de façon à se donner l'apparence d'avoir devancé Magendie. Nous laissons aux Anglais la découverte de Harvey, mais qu'on renonce à nous contester la découverte de Magendie, qui a été faite en 1821 dans le laboratoire actuel du Collège de France.

C'est en s'adressant aux racines des nerfs spinaux que Magendie a trouvé la démonstration de ce fait qu'il y a des nerfs uniquement sensitifs et des nerfs uniquement moteurs. Il expérimenta sur ces racines en sectionnant chacune d'elles.

Prenant la racine antérieure, il la coupa et se trouva ainsi en face d'un bout central et d'un bout périphérique, puis il excita successivement les deux bouts. Par l'excitation du bout périphérique, il constata qu'il se produisait des convulsions dans les muscles correspondants des membres où se rendait cette racine. Les racines antérieures étaient donc motrices. Il fallait prouver qu'elles n'étaient que motrices, ce que Magendie démontra en excitant le bout central : l'animal ne bougea pas. Si la racine avait été sensitive, de la douleur aurait été ressentie, l'animal aurait crié. Donc la racine antérieure ne conduit pas vers le centre, elle n'est pas centripète, elle est exclusivement motrice.

La même expérience fut répétée sur la racine postérieure, et Magendie constata qu'en excitant le bout central, l'animal se débat violemment, pousse des cris et accuse par ses mouvements les symptômes d'une réaction générale. Dans les expériences sur la racine antérieure, les mouvements étaient localisés dans un membre, ici ils sont généralisés, l'animal souffre et réagit par son organisme tout entier ; donc, le bout excité a donné naissance à un courant centripète, c'est-à-dire sensitif. Pour prouver la propriété exclusivement sensitive de l'élément nerveux, il fallait exciter le bout périphérique ; dans ce cas l'animal ne réagit plus, ce bout lui est devenu pour ainsi dire étranger.

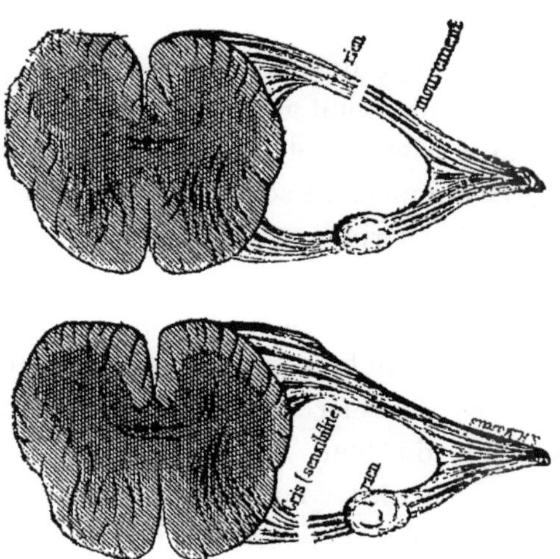

Fig. 3. Schéma de l'expérience de Magendie.

La conclusion de ces expériences est que des nerfs centripètes et des nerfs centrifuges existent bien distinctement, et qu'on les trouve séparés, entre autres endroits, dans les racines antérieures et postérieures de la moelle. De là, le point de départ de toutes les expériences sur le système nerveux.

Dans d'autres régions, comme à la face, on trouve des nerfs qui font exclusivement partie de l'une ou de l'autre catégorie. Le nerf facial, par exemple, est uniquement moteur : l'excitation de son bout périphérique produit des convulsions dans les muscles de la face, l'excitation du bout central ne produit rien. C'est l'inverse qui a lieu pour le trijumeau, lequel est dévolu exclusivement à la sensibilité. Ces dernières expériences sont surtout facilement obtenues avec certains animaux, comme l'âne et le cheval.

Si les éléments nerveux, moteurs et sensitifs, sont bien distincts au niveau des racines de la moelle, il n'en est pas de même à leur émergence du canal vertébral. En effet, dans la suite de leur trajet, ces deux éléments se mêlent intimement pour constituer en somme des nerfs mixtes. Tous les nerfs sont mixtes (nerf crural, sciatique, médian, etc.), excepté les nerfs de la face qui conservent leurs propriétés différentielles.

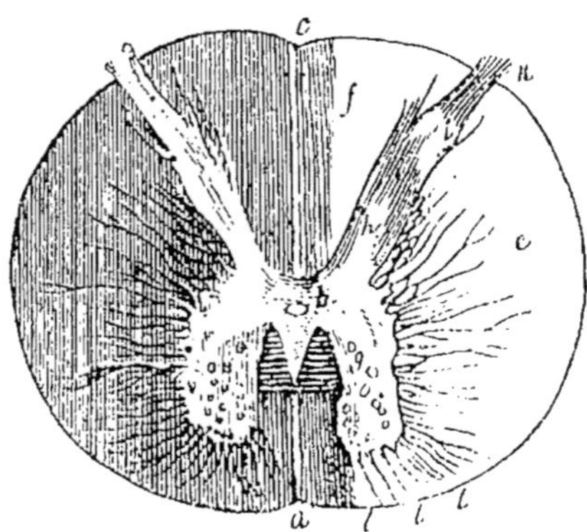

Fig. 4. Section transversale de la moelle épinière de l'homme. Région cervicale : grossissement de 10 diamètres.

a, Sillon médian antérieur ; — *b*, canal central de la moelle ; — *c*, Sillon médian postérieur ; — *f*, cordons postérieurs : — *ii*, substance gélatineuse de la corne postérieure ; — *k*, racine postérieure : *ll*, racines antérieures ; — *g*, cornes antérieures ; — *h*, cornes postérieures ; — *e*, cordon antéro-latéral. (Stilling.)

La partie centrale de la moelle est formée de substance grise, laquelle figure un croissant à deux cornes.

La corne antérieure reçoit les racines motrices, la corne postérieure les racines sensitives. Le système nerveux médullaire est donc composé de conducteurs périphériques mixtes, qui, en approchant de la moelle, se groupent en conducteurs distincts (moteurs dans les racines antérieures, sensitifs dans les postérieures), et de centres gris en rapport d'un côté avec les conducteurs moteurs, et de l'autre côté avec les conducteurs sensitifs.

La même disposition paraît exister pour le cerveau, dont la partie antérieure paraît être le centre du mouvement, et la partie postérieure le centre de la sensibilité, si toutefois il existe dans le cerveau des localisations sensitives.

Quant à la substance blanche de la moelle, elle constitue essentiellement des commissures : commissure

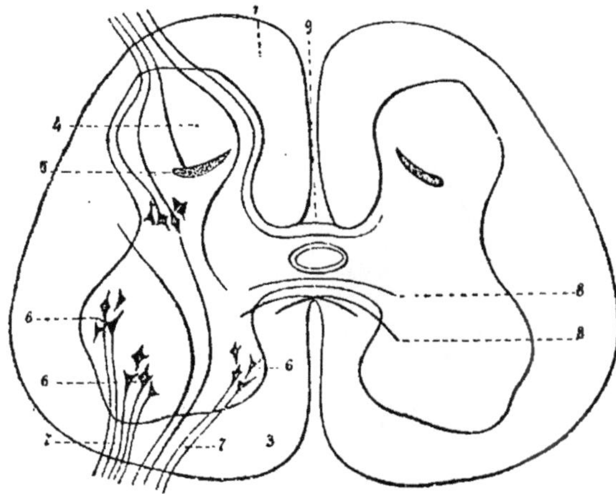

Fig. 5. Coupe schématique de la moelle épinière de l'homme, d'après Huguenin.

1, cordon postérieur; — 2, cordon latéral; — 3, cordon antérieur; — 4, substance gélatineuse; — 5, faisceaux blancs longitudinaux de la corne postérieure; — 6, 6, 6, les trois groupes de cellules de la corne antérieure; — 7, racines antérieures; — 8, 8, les deux ordres de fibres de la commissure blanche antérieure; — 9, la commissure blanche postérieure.

transversale qui réunit les éléments centrifuges et centripètes du côté droit et du côté gauche, commissures longitudinales qui réunissent les différents étages moteurs et sensibles.

Avant d'aller plus loin dans la physiologie du nerf, une étude s'impose, celle de sa constitution.

Si l'on dissocie le nerf sciatique d'une grenouille de façon à l'effiler et à l'éplucher, pour ainsi dire, et qu'on porte sous le microscope les filaments ainsi obtenus, on reconnaît que ces filaments représentent la fibre élémentaire du nerf, absolument comme la fibre du lin représente la fibre élémentaire d'un cordage. L'élément nerveux, examiné à un grossissement de 500 diamètres sur une préparation fraîche, présente à considérer : 1° une membrane périphérique, homogène, dite *gaîne de Schwann*; 2° une substance coagulée, graisseuse, analogue au suif qui a coulé en grumeaux irréguliers le

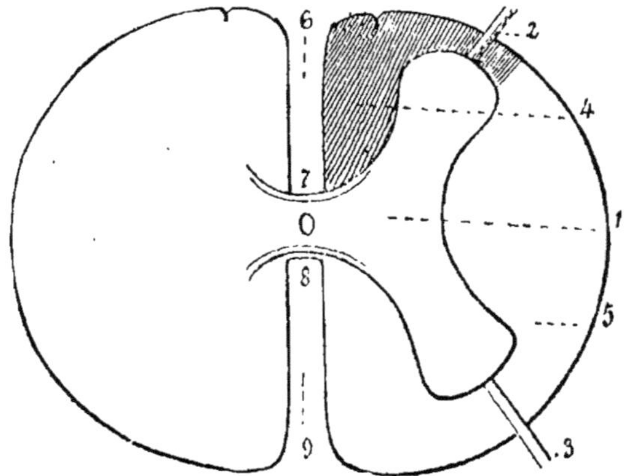

Fig. 6. Coupe de la moelle épinière (fig. schématique), d'après Huguenin.

1, substance grise : — 2, racines nerveuses postérieures ; — 3, racines nerveuses antérieures ; — 4, cordons postérieurs ; — 5, cordons antéro-latéraux ; — 6, sillon médian postérieur : — 7, commissure postérieure (dite à tort commissure grise) ; — 8, commissure antérieure (commissure blanche) ; — sillon médian antérieur. (Huguenin.)

long d'une chandelle, c'est la *myéline* (elle présente de distances en distances des étranglements. Voy. la *fig.* 8); 3° au centre de cette myéline une tige mince qui se colore en rouge par l'immersion dans une solution de carmin, c'est le *cylindre-axe*. Au lieu de dissocier le nerf, si on le fait durcir dans l'acide chromique et qu'on pratique des coupes perpendiculairement à son axe, ces coupes présenteront l'aspect de cercles tangents offrant du centre à la périphérie les sections du cylindre-axe, de la myéline et de la gaîne de Schwann.

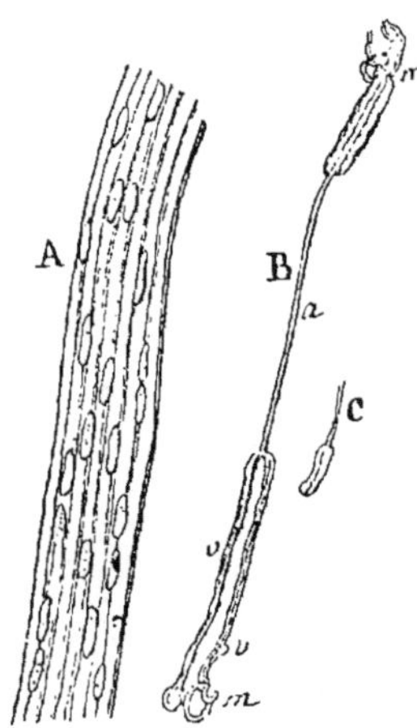

Fig. **7.** Fibres nerveuses grises et blanches.

A, fascicule gris, gélatineux provenant d'un mésentère et traité par l'acide acétique; — B, fibre primitive large, blanche, provenant du nerf crural; — *a*, cylindre axe mis à nu; — *v*, *v*, fibre avec sa gaine médullaire devenue variqueuse et sortant en gouttelettes en *mm*; — C, fibre primitive fine et blanche provenant du cerveau et ne contenant pas de myéline. — Grossissement : 300 diam. (Virchow.)

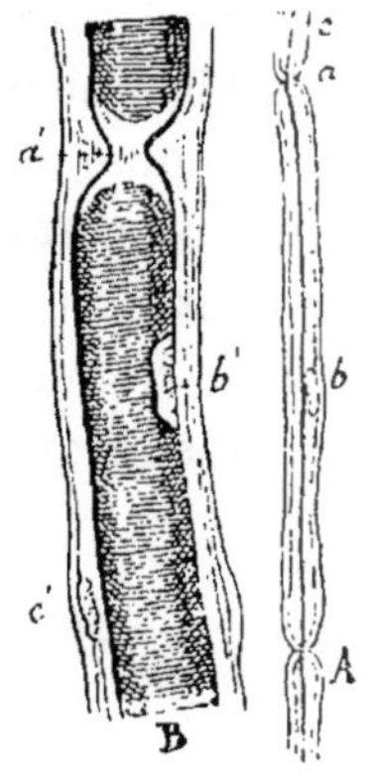

Fig. **8.** Tubes nerveux, d'après Ranvier.

A, tube nerveux vu à un faible grossissement; — *a*, étranglement; — *b*, noyau du segment interannulaire : — *c*, cylindre-axe. — B, l'étranglement et une portion du segment interannulaire vus à un fort grossissement (préparation dans l'acide osmique); — *a'*, étranglement; — *b'*, noyau du segment interannulaire : — *c'*, noyau externe de la gaine. (Ranvier.)

Les fibres nerveuses les plus grosses ont de 9 à 15 μ, les plus petites de 5 à 9 μ. On croyait autrefois que les fibres minces étaient sensitives, et les fibres larges motrices; on sait maintenant que la dimension (largeur) des fibres est indépendante de leurs propriétés.

De toutes les parties qui constituent la fibre nerveuse, une seule est véritablement importante et essentielle au point de vue de la physiologie générale, c'est le *cylindre-axe*, les autres ne sont que des parties isolantes.

On le démontre anatomiquement et physiologiquement.

La démonstration anatomique se réduit à cet énoncé ; dans leur trajet, les fibres nerveuses peuvent se dépouiller de leur gaîne ou de leur myéline, le cylindre-axe subsiste toujours; il n'y a pas de nerf là où il n'y a pas de cylindre-axe. Dans leur trajet les cylindres-axe se revêtent et se dépouillent successivement des enveloppes accessoires qui leur sont propres : ainsi les tubes nerveux partent des cellules nerveuses de l'axe gris sous forme d'un simple prolongement de la cellule, c'est-à-dire sous forme d'un cylindre-axe nu : ensuite ils se présentent, en traversant la substance grise et blanche, comme un cylindre-axe entouré de traînées moniliformes de myéline sans gaîne de Schwann; puis, dans tout leur trajet jusqu'à la périphérie, ils présentent le cylindre-axe, la myéline et la gaîne de Schwann; arrivés vers leurs extrémités, par exemple près des plaques motrices terminales (pour les nerfs des muscles), ils se débarrassent de la myéline, le cylindre-axe est recouvert seulement par la gaîne; ou bien, tout à fait à leur terminaison, dans l'épiderme par exemple, le cylindre-axe des nerfs sensitifs reste seul, se ramifiant et s'arborisant entre les cellules. Toutes les parties du tube nerveux peuvent par conséquent arriver à disparaître à l'exception du cylindre-axe qui demeure constamment; c'est donc lui qui est la partie essentielle.

Voici maintenant la démonstration physiologique. Lorsqu'on coupe un nerf, il subit une dégénérescence dans sa partie périphérique, la myéline se segmente, le cylindre-axe se résorbe, la gaîne de Schwann subsiste seule. A ce moment, l'application d'un excitant quelconque, chaleur ou électricité, ne produit aucun phénomène. Bientôt à la dégénérescence succède une régénération, une soudure s'opère, avec le bout central, la myéline réapparaît, mais l'excitation ne produit non plus aucun effet. C'est seulement lorsque le cylindre-axe a réapparu qu'on a réellement affaire à un véritable nerf.

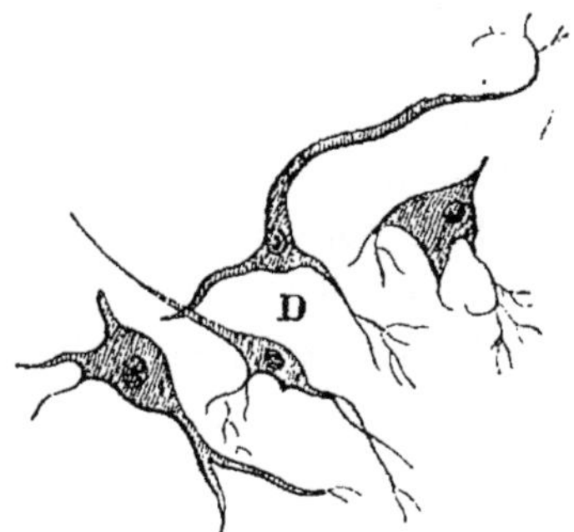

Fig. 9. D. Cellules nerveuses, d'après Virchow.

Les autres éléments nerveux sont les *cellules nerveuses*. Ce sont elles qui constituent l'appareil de réception en fermant ainsi le circuit représenté par l'ensemble des fibres nerveuses, conductrices. En effet, lorsqu'on poursuit un cylindre-axe, on le voit aboutir dans la substance grise à un élément cellulaire de forme étoilée. Cette *cellule étoilée* est généralement grosse, quelques-unes ont jusqu'à 100 μ de diamètre. Il est facile, en dissociant sous l'eau de la moelle de veau prise dans le renflement lombaire, de voir presque à l'œil nu des corpuscules qui ne sont autre chose que des cellules nerveuses.

Ces cellules sont formées par une masse granuleuse sans enveloppe, avec nombreux prolongements, dont l'un au moins est le point de départ du cylindre-axe ; on y observe au centre un noyau sphérique remarquable par la régularité de son contour, et dans ce noyau un ou deux corps fortement réfringents, les nucléoles. On les a nommées *cellules polaires* à cause des prolongements ou pôles qu'elles présentent, et suivant le nombre de ces pôles elles sont dites bipolaires, tripolaires et surtout

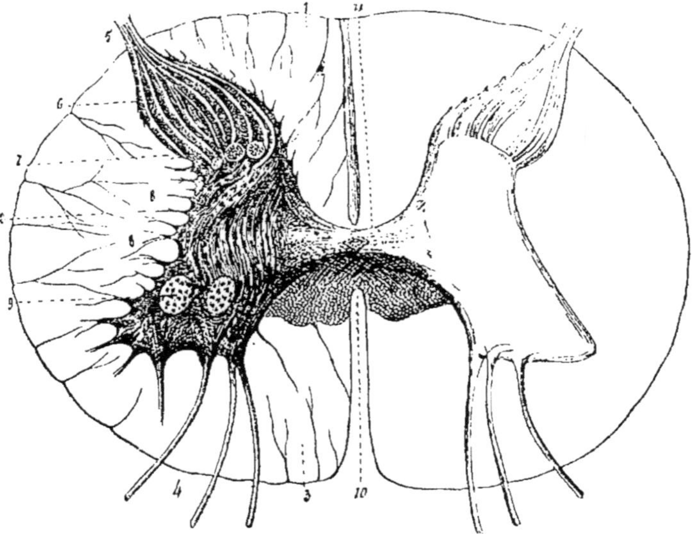

Fig. 10. Coupe transversale de la moelle épinière du veau prise dans le renflement lombaire. (Huguenin.)

1, cordon postérieur; — 2, cordon latéral: — 3, cordon antérieur; — 4, racines antérieures; — 5, racines postérieures; — 6, substance gélatineuse: — 7, faisceaux longitudinaux de la substance grise: — 8, 8, tractus de fibres nerveuses allant de la substance grise dans les cordons blancs; — 9, groupes de grandes cellules motrices dans les cornes antérieures; — 10, commissure antérieure (à fibres entrecroisées); — 11, commissure blanche postérieure. (Huguenin.)

multipolaires. Il n'existe certainement pas de cellules apolaires; on ne comprendrait pas, en effet, des cellules nerveuses sans connexion avec des tubes nerveux. Parmi les prolongements des cellules, les uns reçoivent les cylindres-axe, les autres se subdivisent pour s'anastomoser avec les prolongements polaires des cellules voisines. C'est par cette communication des cellules nerveuses entre elles que se font les associations de sensations, de mouvements, et aussi, il faut savoir le dire hautement, puisque toutes nos actions ont un substratum matériel qui est l'élément nerveux central, c'est grâce à ce mode de connexion anatomique que se font dans le cerveau les actes complexes dits associations d'idées.

Les cellules nerveuses ont été entrevues en 1824 par un physiologiste français dont le nom est trop oublié aujourd'hui, par Dutrochet. Elles ont été véritablement découvertes par l'anatomiste hongrois, mort il y a deux ans, Purkinje. Enfin, M. Ch. Robin, en 1847, les étudia d'une façon plus étendue et plus complète.

TROISIÈME LEÇON

SENSIBILITÉ. — IMPRESSION. — CONDUCTION

Excitabilité de l'appareil conducteur et de l'appareil terminal. — Fluide nerveux; sa nature, sa vitesse. — Conductibilité indifférente des nerfs. — Agents d'excitation : anesthésiques, curare. — Manière dont meurt un nerf. — Ganglion rachidien. — Sensibilité récurrente.

Les connexions des différentes parties du système nerveux étant établies, il reste à étudier leur fonctionnement.

Une sensation exige le concours des trois facteurs : impression périphérique, conduction et réception centrale.

Il n'est pas nécessaire que l'excitation soit portée tout à fait à la périphérie de l'élément conducteur, celui-ci, en effet, est directement excitable sur un point quelconque de son parcours, mais il faut remarquer qu'il l'est infiniment moins qu'à son extrémité, c'est-à-dire qu'au niveau des appareils terminaux des organes des sens (corpuscules de tact, cellules olfactives, cônes et bâtonnets de la rétine, etc.).

Aussi les excitations qui atteignent l'appareil terminal produisent-elles, à mêmes doses, un effet beaucoup plus considérable que lorsqu'elles sont portées sur l'appareil conducteur. Si l'on empoisonne une grenouille avec cette substance qui produit une suractivité des centres telle que la moindre douleur provoque des convulsions, c'est-à-dire avec la strychnine, et que, mettant à nu le nerf sciatique, on promène sur ce nerf une barbe de plume, l'animal ne bouge pas. Mais, qu'on chatouille de la même façon l'extrémité de la patte et on observera de violentes convulsions. Dans ce dernier cas, l'excitation a été appliquée à la périphérie et on a obtenu des phénomènes convulsifs qu'était impuissante à produire l'excitation directe du conducteur dans sa partie médiane, en un point de son trajet. On serait évidemment tenté de supposer *a priori* un résultat tout à fait contraire.

Les mêmes phénomènes pourront être reproduits en s'adressant à d'autres excitants. En approchant, par exemple, du nerf sciatique de la même grenouille une tige de fer fortement chauffée, de telle sorte que le nerf soit presque brûlé, on n'obtiendra le plus souvent aucun résultat, tandis que l'effet de la chaleur rayonnante suffira, au niveau de la patte, pour donner lieu à des contractions tétaniques.

La loi qui vient d'être exposée est également vraie pour tous les agents extérieurs qui mettent en jeu les organes des sens.

Quant aux phénomènes de conduction, nous savons que le nerf en est bien le siége, mais que conduit-il? Il serait oiseux de réfuter cette opinion qu'il conduit, suivant l'impression reçue, tantôt de la chaleur, tantôt de la lumière. Non, le nerf ne conduit pas l'agent qui l'a impressionné; il conduit autre chose, qu'on a appelé *courant* ou *fluide nerveux*.

Il n'y a guère d'auteurs aujourd'hui qui soutiennent que c'est de l'électricité que le nerf conduit et que le fluide nerveux est identique au fluide électrique. En effet, lorsqu'on coupe un fil télégraphique et qu'on rejoint ensuite les deux bouts, l'électricité repasse, mais lorsqu'on coupe un nerf on aura beau rejoindre les deux bouts, le courant nerveux ne passera plus : la section a détruit la conductibilité. Ce n'est donc pas du fluide électrique qui passe dans le nerf. La démonstration en est évidente malgré les objections qu'on pourrait y faire en arguant, par exemple, que les cylindres-axes n'ont pas été exactement placés bout à bout.

Mais, il y a plus, la vitesse du fluide nerveux comparée à celle du fluide électrique montre qu'entre les deux éléments aucune assimilation n'est possible.

La vitesse de l'électricité est infinie en comparaison de la vitesse de 60 ou 150 mètres par seconde qui est le maximum de la conduction nerveuse.

Pour mesurer la vitesse de cette conduction, on a eu recours à des expériences délicates et compliquées dans leur pratique, mais très simples dans leur théorie.

Voici, *grosso modo*, comment on procède pour mesurer la vitesse du courant moteur. Le sciatique d'une grenouille est détaché de façon à ne laisser subsister que son extrémité dans les muscles moteurs de la patte, à laquelle est attaché un levier inscrivant sur un cylindre tournant. A chaque secousse musculaire le tracé d'une ligne ascendante marquera le début de la contraction. Le nerf est excité par l'étincelle électrique et cet instant est noté par le jeu d'un électro-aimant mettant en mouvement un second levier inscripteur. On remarque alors qu'un temps appréciable s'est écoulé entre l'excitation du nerf et la contraction du muscle. Lorsque l'application de l'étincelle électrique a été faite très près de la patte, on constate moins de retard dans l'oscillation du levier inscripteur de la contraction que lorsque l'application a été pratiquée très loin, plus haut, vers la partie centrale du nerf. Ces retards proviennent du temps employé par le courant nerveux à parcourir les diverses longueurs du nerf. On conçoit donc comment on arrive à calculer les distances et les temps, puis à en inférer la vitesse du courant. Chez la grenouille (animal à sang froid), le courant du nerf moteur parcourt de 25 à 30 mètres par seconde ; chez l'homme, il parcourt 60 mètres dans le même espace de temps.

Si on refroidit progressivement une grenouille de façon à amener sa température à 5 ou 6° ; on constate que le courant nerveux ne parcourt plus que 12 mètres, c'est-à-dire la moitié environ de ce qu'il parcourt à l'état normal. Y a-t-il quelque chose de semblable pour l'électricité, a-t-on jamais entendu dire que les dépêches arrivent plus vite en été qu'en hiver ? Il existe donc bien un courant nerveux indépendant et différent du courant électrique. On peut l'appeler *agent nerveux* ou *influx nerveux* sans préjuger sa nature que nous ignorons d'ailleurs, comme celle de l'électricité.

L'exemple choisi se rapporte à la vitesse du courant des nerfs moteurs : on peut aussi expérimenter sur les nerfs de sensibilité. Pour mesurer la vitesse du courant sensitif on expérimente sur l'homme même : on a en effet recours alors à un sujet qui, au moment où il perçoit une excitation, presse sur un ressort ouvrant un courant galvanique et marque ainsi le moment de la perception ; on lui bande les yeux et l'expérimentateur lui pique, à l'aide d'une épingle ou d'une étincelle électrique, la plante du pied ou un orteil, en même temps qu'un dispositif particulier lui permet de marquer le moment où il produit cette excitation (ce dispositif est analogue à celui de l'expérience précédente : passage d'un courant dans un électro aimant qui meut un levier écrivant). Il se passe un certain temps avant que l'excitation parcoure le sciatique et arrive au cerveau. L'excitation est alors portée au niveau du genou ; on note de nouveau le temps écoulé jusqu'à l'impression, et cette fois il est plus court que dans le premier cas. La différence observée dans le temps tient à la différence de chemins parcourus, et en mesurant les distances (la longueur de la jambe) on obtiendra la vitesse du courant sensitif.

D'après les plus récentes recherches, cette vitesse est chez l'homme de 50 mètres par seconde. Helmhotz a trouvé 60 mètres pour la vitesse du courant moteur ; on peut donc admettre aujourd'hui que la vitesse est à peu près la même pour le nerf centripète et pour le nerf centrifuge, et qu'elle est de 50 à 60 mètres par seconde.

Quoique le fluide nerveux soit loin d'être identique au fluide électrique, on a souvent quelque avantage à les comparer l'un à l'autre. C'est ainsi qu'en les considérant tous les deux au point de vue que nous allons développer, nous sommes nécessairement amenés à nous poser une importante question physiologique.

Un fil télégraphique propage à ses deux extrémités l'électricité, pour ainsi dire l'excitation qu'il a reçue en son milieu. En est-il de même pour le fil nerveux ? En d'autres termes, nous savons que l'excitation du nerf sensitif produit un courant vers le centre, mais qui nous dira s'il se produit également un courant vers la périphérie ?

Vulpian a institué à ce sujet des expériences célèbres qui avaient paru propres à démontrer que de même qu'il n'y a pas de distinction anatomique possible entre les nerfs moteurs et les nerfs sensitifs, de même les propriétés de ces deux ordres de conducteurs sont identiques, et leurs fonctions ne diffèrent qu'à cause des connexions périphériques des uns ou centrales des autres, en un mot, la conductibilité de ces nerfs est *indifférente*. De nouvelles recherches sur ce point ont été reprises par Vulpian qui a voulu se mettre à l'abri de certaines causes d'erreurs qu'il avait découvertes dans ses premières expériences. Quoi qu'il en soit, l'hypothèse de la conductibilité indifférente des nerfs subsiste aujourd'hui. On n'accorde pas aux nerfs centripètes une propriété spéciale dite *sensibilité* et aux fibres *centrifuges* une autre propriété différente dite *motricité*, mais on désigne sous le nom de *neurilité* la propriété de conduction qui est commune à ces deux ordres de fibres [1].

[1] « La neurilité, dit Vulpian (*Leçons sur la physiologie du système nerveux*, p. 221), est-elle la même dans les fibres nerveuses sensitives et dans les fibres nerveuses motrices, les seules que nous examinions dans ce moment de ce point de vue? Y a-t-il une neurilité sensitive et une neurilité motrice, différentes l'une de l'autre? A priori, on n'éprouve aucune difficulté à admettre que la neurilité est la même dans les deux sortes de fibres, à dire, par conséquent, que la neurilité est la propriété physiologique de la fibre nerveuse, comme la contractilité est la propriété de la fibre musculaire, quel que soit le rôle fonctionnel du muscle auquel elle appartient. Mais sommes-nous autorisés à considérer ainsi la neurilité? Jusqu'ici nous n'avons vu, entre les diverses fibres, aucune différence qui fût absolument contraire à cette manière de voir, mais nous n'avons pas terminé la revue que nous voulons faire des expériences qui ont été invoquées dans ce débat physiologique. — Je reviens encore une fois sur l'expérience dans laquelle on empoisonne la moitié antérieure d'une grenouille avec le curare, tandis que la moitié postérieure est mise à l'abri du poison par une ligature qui comprend toute la région moyenne, à l'exception des nerfs lombaires. Je vous ai montré cette expérience, et je vous ai fait voir que l'on constate ainsi que les parties soumises à l'intoxication conservent encore leur sensibilité, alors que la motricité y est entièrement abolie. Et nous avons vu que l'effet est encore bien plus saillant lorsque l'on fait absorber de la strychnine à l'animal, une fois que l'empoisonnement par le curare est achevé. Or, que prouve cette expérience? Ne pouvons-nous pas interpréter le résultat tout aussi bien en admettant l'identité de la neurilité dans les deux sortes de fibres qu'en adoptant l'opinion des physiologistes qui veulent que la propriété

M. P. Bert a donné récemment une solution de la question par un procédé ingénieux, qui consiste, en somme, à mettre au bout du nerf interrogé un cerveau chargé de répondre.

Voici comment M. Bert a réalisé ses expériences :

Il a greffé l'extrémité libre de la queue d'un rat sous la peau du dos du même animal : quand la soudure a été bien établie, il a coupé la queue vers sa base ; cet appendice ne se trouvait plus adhérer à l'animal que par son

des fibres sensitives soit différente de celle des fibres motrices! Rien de plus simple, vous allez le comprendre. Le curare, ai-je dit, a pour effet d'interrompre la communication physiologique entre les fibres nerveuses et les fibres motrices; il sépare pour ainsi dire la fibre nerveuse de la fibre musculaire. La fibre nerveuse motrice, une fois cette sorte de séparation accomplie, ne peut naturellement plus mettre en jeu la contractilité musculaire; lorsque nous excitons cette fibre, sa neurilité entre en activité, mais en vain. Il se passe là ce qui a lieu dans un muscle dont on aurait coupé les tendons d'insertion et qu'on viendrait à exciter; il n'y aurait plus aucune action sur les os. Quant aux fibres nerveuses sensitives, leur neurilité entre en jeu également sous l'influence des excitants, mais elles ont conservé leurs rapports physiologiques avec les centres nerveux, et elles peuvent ainsi faire entrer ces centres en activité. Ainsi, pour moi, la fibre motrice et la fibre sensitive chez un animal soumis à l'empoisonnement par le curare sont exactement dans le même état, au point de vue de leur propriété physiologique; mais dans l'une, dans la fibre motrice, la neurilité reste impuissante à cause de l'obstacle qui s'oppose à ce qu'elle agisse sur la fibre musculaire; dans l'autre, dans la fibre sensitive, la neurilité, devenue active sous l'influence d'un excitant, peut mettre en jeu les centres nerveux avec lesquels elle a conservé ses communications physiologiques. La dissemblance de l'effet du curare sur les deux sortes de fibres dépend si bien uniquement des relations physiologiques différentes des unes et des autres à leurs extrémités périphériques, qu'il suffit de transformer les fibres sensitives en fibres motrices pour leur enlever leur immunité. Si l'on coupe transversalement le nerf hypoglosse d'un côté, ou si l'on arrache toute sa partie centrale, on voit, au bout de quelques jours, le nerf lingual correspondant, qui jusque-là n'avait pas d'action motrice sur la langue, acquérir une motricité considérable. Or, si l'on empoisonne avec du curare un animal, un chien, par exemple, qui a subi cette opération depuis une quinzaine de jours, et si on le soumet à la respiration artificielle jusqu'à ce que les nerfs perdent leur motricité, on constate que le nerf lingual, devenu moteur par suite de la paralysie du nerf hypoglosse, perd sa motricité comme les autres nerfs moteurs. »

extrémité greffée sur le dos. Si alors on porte une excitation sur la queue, on constate que l'animal a conscience de cette excitation et éprouve de la douleur. Or, cette excitation est alors transmise par les nerfs sensitifs de la queue, nerfs qui se sont soudés avec les nerfs cutanés dorsaux et qui conduisent vers eux l'excitation portée sur un point de leur trajet. Donc ces nerfs, qui, dans la queue occupant ses rapports normaux, conduisaient les excitations de la pointe vers la base, les conduisent maintenant de la base vers la pointe devenue seule partie adhérente à l'animal.

Fig. 11. Rat de l'expérience de M. Paul Bert.

Dans cette figure, on voit par la direction des flèches que, à la première phase de l'expérience, c'est-à-dire lorsque le rat a la queue en *anse de panier*, il extériore vers la base de cette queue, tandis que, quelque temps après la section, l'animal extériore vers la région du dos, à l'endroit où se sont produites les anastomoses nerveuses.

P. Bert a donc démontré que les vibrations du nerf sensitif se propagent indifféremment dans les deux sens, et qu'un nerf n'est en somme sensitif qu'en vertu de ses connexions centrales.

L'expérience précédente est délicate et elle a donné lieu à plusieurs controverses, mais elle nous semble, surtout après les plus récentes modifications qu'y a apportées son auteur (Société de biologie, décembre 1876), absolument concluante pour la démonstration de la conductibilité indifférente des nerfs sensitifs [1].

Mais, si c'est la connexion centrale qui détermine la nature sensitive d'un nerf, c'est, d'un autre côté, la connexion périphérique qui détermine la nature motrice de tel autre nerf. La loi est générale, les bouts seuls dif-

[1] Dans la séance de la Société de biologie du 16 décembre 1876, M. P. Bert a rappelé dans les termes que nous reproduisons ici, qu'il y a treize ans, il fit une expérience tendant à chercher si, dans les nerfs sensitifs impressionnés en un point de leur parcours, l'ébranlement ne pouvait pas se transmettre à la fois dans les deux sens, centripète et centrifuge. Pour résoudre la question, il enleva la peau de l'extrémité de la queue d'un jeune rat et introduisit la partie écorchée sous la peau du dos de l'animal. Une cicatrisation rapide eut lieu, et l'animal portait ainsi une queue adhérente aux deux bouts, une queue, en *anse de panier.* Au bout de quinze jours, il coupa cette anse par le milieu. Le bout qui pendait à la peau du dos devint aussitôt insensible; mais les anastomoses vasculaires lui ayant permis de vivre, la sensibilité y reparut quatre mois après. Tout d'abord, elle était des plus obtuses et ne se manifestait que par un froncement des peaussiers quand on pinçait l'animal; plus tard, elle était plus évidente, et après six mois, l'animal se retournait pour mordre en se défendant vers la région du dos où avaient lieu les anastomoses nerveuses; trois mois plus tard, enfin, il extériorait exactement et défendait le bout de sa queue pincée.

La conclusion qui semblait découler tout naturellement de cette expérience, à savoir la transmission d'un ébranlement des nerfs sensitifs dans le sens centrifuge, pouvait cependant être combattue par une objection que M. Bert s'est posée, bien que personne ne s'en soit servi. En effet, par suite de la section de la queue en anse, il y avait eu dégénérescence des nerfs sensitifs qui s'étaient ensuite régénérés; si les nouveaux tubes nerveux conduisaient l'influx en sens inverse de son cours normal, cela ne prouve pas que les tubes primitifs eussent été capables de le faire. Pour lever la difficulté, M. P. Bert a pensé à laisser beaucoup plus longtemps l'anse en place, assez longtemps pour que la cicatrice qui unit les nerfs de la queue avec les nerfs du dos devînt perméable aux excitations nerveuses. Dans ce cas, la sensibilité devrait reparaître dans la queue séparée immédiatement après la section, ce qui éloignerait toute idée de dégénérescence.

La première partie de l'opération a été faite sur plusieurs rats, au mois d'avril dernier. Un de ces animaux étant devenu très malade, ces jours-ci, M. P. Bert s'est décidé à pratiquer, d'un coup de ciseaux, la section de l'anse à quatre centimètres du dos.

Immédiatement après, on constata, par le froncement des peaussiers,

fèrent. C'est le cerveau ou la moelle qui crée l'essence sensitive, c'est la plaque terminale motrice qui crée l'essence motrice.

Ce n'est que sur le bout qui fait le nerf qu'agissent les différents agents qui modifient l'excitabilité.

Ainsi, les anesthésiques n'agissent sur l'élément sensitif que par l'intermédiaire des centres nerveux. Le chloroforme appliqué directement sur le nerf ne produit aucune action. D'un autre côté, le curare, ce poison dont les sauvages de l'Amérique du Sud se servent pour empoisonner leurs flèches, et qui a donné de si curieux et si importants résultats entre les mains de Cl. Bernard, n'agit sur l'élément moteur que par l'intermédiaire des plaques motrices [1].

la sensibilité au pincement jusqu'à environ un centimètre du dos; en deux jours elle s'étendit sur une longueur de trois centimètres; l'animal criait en bondissant devant lui, quand on pinçait un peu fort ce tronçon caudal. Ce progrès était évidemment dû à l'amélioration de la circulation, insuffisante au début. Il faudra, une autre fois, faire un peu plus prudemment la séparation. M. P. Bert a montré à la Société le rat en question, dont la queue, fort endommagée par des pincements énergiques et réitérés, est cependant sensible d'une manière évidente.

Il conclut de cette expérience que les nerfs sensibles normaux, qui ont été divisés par l'ablation de la peau de l'extrémité caudale et qui se sont abouchés avec les nerfs sensitifs dorsaux également divisés, transmettent l'ébranlement dû au pincement dans un sens qui est inverse de celui où chacun sait qu'il se meut. En conséquence, lorsqu'on pince un nerf de sensibilité au milieu de son parcours, il y a propagation de l'excitation à la fois dans les deux directions, centrifuge et centripète; mais celle-ci est, dans l'état normal des choses, seule apte à entraîner une sensation, parce qu'elle est seule en communication avec un centre nerveux percepteur.

[1] On admet aujourd'hui généralement que le curare a pour éléments essentiels des plantes de la famille des strychnées combinées avec des plantes d'autres familles. Sa composition varie suivant les régions où les indigènes le préparent (région de la haute Amazone, du haut Orénoque, de la Guyane anglaise, du haut Pérou), et s'en servent pour empoisonner leurs flèches. Le professeur Gübler nous a appris, d'après le rapport officiel adressé à M. Thirion, consul de la république de Vénézuéla à Paris, que dans le haut Orénoque le curare était extrait de l'écorce

Le curare est à peine introduit sous la peau qu'il abolit tout mouvement, l'animal est affaissé et flasque. La mort survient par le manque des contractions musculaires nécessaires à la respiration. Cl. Bernard a démontré, par

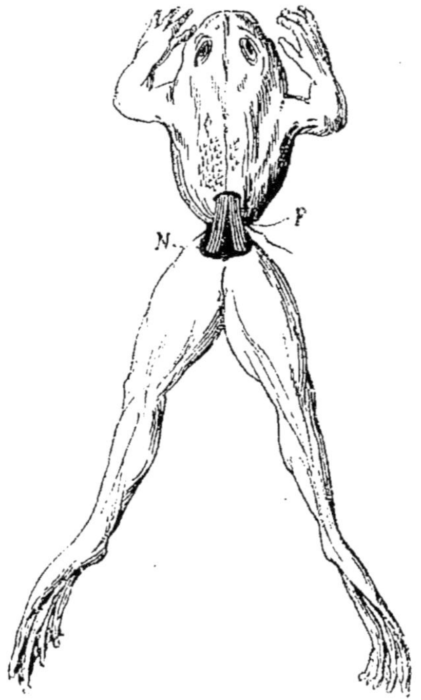

Fig. 12. Grenouille préparée pour l'étude de l'action des poisons sur les nerfs. (Claude Bernard.)

Une ligature (F) embrasse toutes les parties de l'abdomen, excepté les nerfs lombaires (N), de sorte qu'il n'y a plus, entre le train antérieur et le train postérieur, que des communications nerveuses. (Cl. Benard.)

d'une grosse liane de 65 centimètre de circonférence : « on râpe d'abord les écorces de la plante et de ses racines, puis on les fait bouillir pendant quelques heures jusqu'à ce qu'elles deviennent une espèce de pâte, que l'on passe ensuite dans un filtre aussi fin que possible; on la sonnet de nouveau à un feu lent jusqu'à ce quelle ait acquis la consistance d'un sirop épais, ce qui indique que le poison est alors arrivé à toute sa force. » Le curare fut importé pour la première fois en Europe, dans l'année 1595 par Walter-Raleigh. L'étude et la détermination de son action physiologique est due aux travaux de Cl. Bernard (1844 à 1856) et de M. Vulpian qui a complété ces travaux en 1875.

des expériences d'une suprême élégance, que le curare n'agit que sur l'élément nerveux moteur et seulement en attaquant son extrémité périphérique. En effet, le long de la colonne lombaire de la grenouille, on trouve deux gros nerfs qui sont comme le plexus lombaire de l'animal. Ces nerfs sont mis à découvert et, par une forte ligature faite au-dessous de leur origine à la moelle, on étreint tout le corps de l'animal, moins ces nerfs, c'est-à-dire qu'on divise le corps de l'animal en une partie antérieure et une partie postérieure entre lesquelles la circulation du sang est interrompue et qui, de la sorte, ne communiquent plus que par l'intermédiaire des deux nerfs. On injecte du curare dans le train antérieur; celui-ci est rapidement empoisonné et si l'on excite ce train on n'obtient aucun mouvement de ce côté. Il y a lieu de se demander, à ce moment, si ce sont les nerfs sensitifs ou les nerfs moteurs qui subissent l'influence du poison. Mais, l'excitation des membres antérieurs produit des mouvements dans le train postérieur : les nerfs sensitifs de la partie empoisonnée ont donc conservé leur excitabilité, ce sont ses nerfs moteurs seuls qui ont été atteints; les premiers ont pu porter l'excitation vers la moelle qui l'a réfléchie du côté du train postérieur par les nerfs moteurs non paralysés.

C'est par leur extrémité périphérique que les nerfs moteurs du train antérieur ont été touchés, car il faut remarquer que, dans cette expérience, les nerfs lombaires ont leur extrémité centrale en plein curare, ce qui ne donne lieu à aucun phénomène, tandis que les nerfs du plexus brachial, dont l'extrémité périphérique est atteinte par le poison, ont perdu leurs propriétés motrices.

Toutes les fois que la moindre parcelle de curare est mise en contact avec la patte de la grenouille, le membre perd ses mouvements. Mais si on isole le nerf sciati-

que et, qu'après l'avoir détaché et coupé, on le laisse tremper et même macérer dans un verre de montre rempli d'une dissolution de curare, le nerf n'est pas empoisonné. Dans le premier cas, le curare amené sous la peau a été conduit par l'imbibition des tissus et par la circulation jusqu'au contact des *extrémités périphériques*, ce qui n'a pas eu lieu dans la seconde expérience.

Nous sommes donc bien autorisé à conclure que les fonctions des nerfs ne diffèrent qu'en raison de leurs connexions différentes et que, lorsqu'on veut attaquer leur propriété, il faut que l'agent employé s'adresse à celle de leur extrémité qui seule la détermine.

Les nerfs moteurs et les nerfs sensitifs ne meurent pas, c'est-à-dire ne perdent pas leur excitabilité dans le même sens. Ainsi l'excitabilité du nerf sensitif s'éteint de la périphérie au centre : son extrémité périphérique meurt la première ; les réactions qu'on veut obtenir à l'aide des différents excitants doivent être produites par des excitations portées sur des points d'autant plus rapprochés des centres qu'il s'est écoulé un temps plus considérable depuis que l'animal est mort. Au contraire, l'excitabilité du nerf moteur s'éteint du centre à la périphérie, la partie centrale peut n'être plus excitable tandis que la partie périphérique l'est encore.

Cl. Bernard a donné de ce fait, pour le nerf moteur, une image saisissante dans sa simplicité ; la voici : Un tube rempli de mercure est muni d'un robinet qui laisse échapper le métal, celui-ci fuit par le bas mais c'est son niveau supérieur qui baisse : ainsi de la fibre nerveuse motrice.

On pourrait peut-être, en se servant d'une autre comparaison figurée, trouver une image s'appliquant à la fois au nerf moteur et au nerf sensitif : Qu'on se représente le fluide nerveux conducteur circulant dans les deux nerfs comme une colonne de mercure contenue dans deux tubes différents reliés à un réservoir central commun à deux compartiments et, se mouvant dans l'un, suivant une direction centripète, et dans l'autre suivant une direction centrifuge par suite d'un méca-

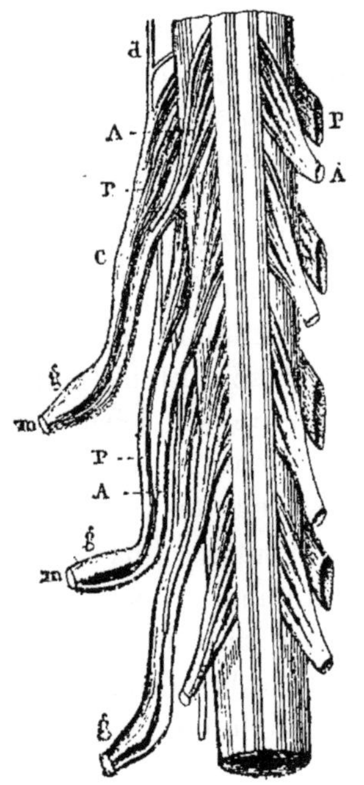

Fig. 13. Origine des racines rachidiennes.

La moelle est vue par sa face antérieure. — A, A, A, racines antérieures rachidiennes naissant par des divisions radiculaires qui se réunissent ensuite pour constituer les faisceaux de la racine. — P, P, P, racines postérieures; — *d*, filaments anastomotiques existant parfois entre les racines postérieures; — *g*, *g*, *g*, — ganglions des racines postérieures; — *m*, *m*, nerfs mixtes formés par la réunion des deux racines. (Küss et Duval.)

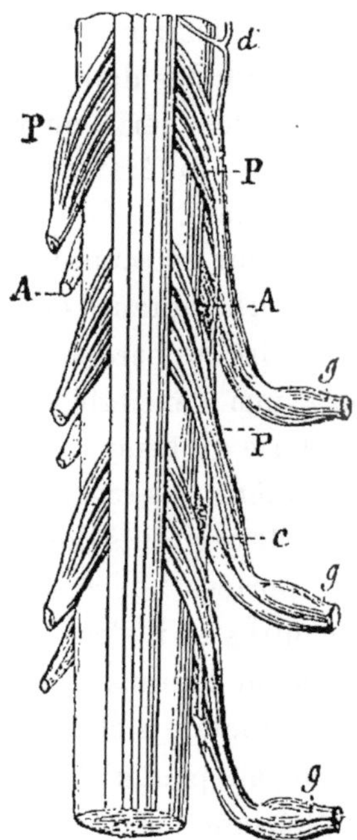

Fig. 14. Origine des racines des nerfs rachidiens.

La moelle est vue par sa face postérieure. — P, P, P, racines postérieures partant du sillon postérieur par des filaments radiculaires volumineux, et naissant brusquement sans divisions radiculaires. — A, A, racines antérieures : — *c*, *d*, anastomoses entre les racines postérieures ; — *g*. *g*. ganglions inter-vertébraux des racines postérieures (ganglions spinaux). (Cl. Bernard.)

nisme spécial. Au moment où le mécanisme cesse de fonctionner (mort de l'animal) le liquide centripète (fluide sensitif) est de proche en proche aspiré, le long du premier tube jusqu'au réservoir central dans lequel il disparaît, tandis que le liquide centrifuge (fluide moteur) s'écoule lentement en vidant au dehors le contenu de la partie du réservoir à laquelle il aboutissait.

En résumé, un nerf meurt d'autant plus vite (il se *vide* d'autant plus facilement du fluide qui le parcourt) sur un point quelconque de son trajet que ce point est plus éloigné de l'extrémité qui crée la fonction spéciale motrice ou sensitive, en vertu de sa connexion périphérique ou centrale.

Après ces généralités nous allons maintenant envisager spécialement deux particularités que nous offre l'étude des racines spinales de la moelle, nous voulons parler du *ganglion rachidien* et de la *sensibilité récurrente*.

L'anatomie nous enseigne que, sur le trajet des racines postérieures, un peu avant qu'elles rejoignent les antérieures, se trouve un renflement situé au niveau des trous de conjugaison. On lui a donné le nom de *ganglion rachidien*. Sa constance et son développement chez certains animaux nous indiquent son importance et nous donnent à penser que ses rôles doivent être multiples. Malheureusement nous n'en connaissons qu'un : son rôle trophique ou de nutrition sur la racine postérieure.

C'est Augustus Waller qui l'a démontré, et ses expériences à ce sujet ont été le point de départ et le modèle d'autres expériences pratiquées sur différentes parties du système nerveux, en suivant sa méthode, dite *Méthode Wallérienne*.

Lorsqu'on coupe la racine postérieure entre sa jonction avec la racine antérieure et le ganglion rachidien, on constate, après avoir sacrifié l'animal au bout de quelques heures, que l'extrémité de la racine adhérente au ganglion est restée intacte, mais que l'autre bout, adhérent à la moelle, subit les phases successives de la dégénérescence; la myéline a commencé à se segmenter dans l'espace de trois à quatre jours et, après un mois, le nerf a subi une résorption et une dégénérescence complète[1]. Lorsqu'on coupe la racine entre le ganglion et la moelle, son bout périphérique ne s'altère pas et c'est celui qui est resté en rapport avec la moelle qui s'atrophie.

Pour que la racine postérieure soit nourrie, il est donc nécessaire qu'elle soit en rapport avec son centre trophique, le ganglion rachidien.

On reconnaît par des expériences analogues que le

[1] « Les premiers indices d'altération des nerfs séparés des centres nerveux, dit Vulpian (Leçons sur la physiologie du système nerveux), ne consistent qu'en une diminution de la transparence des fibres nerveuses; leur contenu semble tendre à devenir un peu nuageux; les bords des fibres sont moins nettement dessinées : toutefois, je le répète, ce ne sont là que des indices très légers et qui ne peuvent d'abord être reconnus que par voie de comparaison. Vers le huitième jour après la section d'un nerf, les fibres de son bout périphérique sont déjà bien modifiées; leur contenu offre un aspect manifestement trouble; le double bord, qui limite les fibres de chaque côté, est irrégulier, interrompu par places; il semble que la substance médullaire devient comme étranglée de distance en distance, et qu'elle est sur le point de se segmenter. En effet, c'est ce qui ne tarde pas à arriver et le dixième jour, quelque fois même plus tôt, cette substance est comme disloquée, divisée en segments de longueur variable. Il y a une sorte de coagulation de cette substance en petites masses. Les jours suivants, la segmentation fait de nouveaux progrès et la gaîne de Schwann de chaque tube nerveux renferme des gouttes d'aspect graisseux, plus ou moins régulièrement arrondies, d'abord assez grosses, puis devenant de plus en plus petites, par suite de la division qui continue à s'y opérer. Après un mois ou six semaines, cette segmentation est devenue plus complète, le matière médullaire est réduite en globules de faibles dimensions. Ces granulations de la matière médullaire diminuent de plus en plus de volume, et après deux ou trois mois, l'on ne voit plus dans la fibre nerveuse que des granulations si fines, qu'elles ressemblent à une poussière qui remplirait la gaîne conjonctive, Enfin ces granulations disparaissent. Nous arrivons alors à l'altération ultime. La gaîne de Schwann revient sur elle-même, et se plisse si bien, que lorsqu'on examine un certain nombre de fibres nerveuses primitives juxtaposées, on croirait voir, sur le champ du microscope, un faisceau conjonctif filamenteux. La coloration blanche des fibres nerveuses est détruite par la disparition de la matière médullaire. Les nerfs deviennent grisâtres. Les gaînes peuvent persister dans cet état indéfiniment. »

centre trophique de la racine antérieure est la corne antérieure de la moelle. En effet, c'est toujours le bout qui n'est plus en connexion avec elle qui s'atrophie, l'autre reste intact.

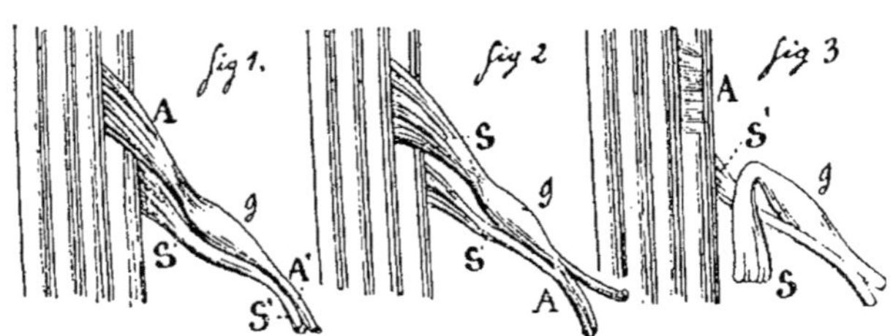

Fig, 15. Altération nerveuse consécutive à la section des racines rachidiennes, d'après Cl. Bernard.

Fig, 1. — La section a porté sur la racine postérieure avant le ganglion. La portion A', comprise entre la section et la moelle, est seule altérée : la portion A (attenant au ganglion *g*) n'a pas subi d'altération, de même que la racine antérieure S. *Fig*. 2. La section a porté sur le nerf mixte immédiatement après la réunion des deux racines. La partie A du nerf mixte est altérée, tandis que les deux racines (la postérieure S et son ganglion *g*) n'ont subi aucune altération. *Fig*. 3. La racine postérieure a été arrachée de la moelle en A, son bout périphérique S (rabattu) n'offre pas d'altération, (Küss et Duval.)

La méthode Wallérienne, par l'expérimentation des effets obtenus après la section des ganglions trophiques, sert à dévoiler pour beaucoup de nerfs la situation de leur centre trophique et on peut parfois en induire, jusqu'à un certain point, le sens de leur conduction, c'est-à-dire leur nature sensitive ou motrice : pour les nerfs crâniens, par exemple[1].

[1] On doit considérer les nerfs crâniens comme des paires rachidiennes dissociées, c'est-à-dire dont les racines antérieures et postérieures demeurent isolées et forment des nerfs qui peuvent être exclusivement sensitifs à leur origine (grosse portion du trijumeau) ou exclusivement moteurs (facial). Quelques auteurs ont ramené les nerfs crâniens à deux groupes représentant chacun une paire rachidienne : 1° groupe du trijumeau, avec les moteurs oculaires commun et externe, et une partie du facial; 2° groupe pneumogastrique avec une partie du facial, le glosso-pharyngien et le spinal. — L'hypoglosse représente à lui seul une véritable paire rachidienne puisqu'on l'a trouvé parfois pourvu d'une racine postérieure avec un ganglion. On met à part, dans ces essais de groupement, les nerfs sensoriels supérieurs, olfactif, optique, auditif, lesquels, ainsi que l'embryologie le démontre, sont plutôt des prolonge-

La *Sensibilité récurrente* forme aussi bien un chapitre de chirurgie que de physiologie. Elle ne se définit pas, elle se montre et s'explique.

Lorsque Magendie excita le bout central de la racine antérieure il ne produisit aucune réaction, et, lorsqu'il excita le bout périphérique, il constata une contraction musculaire. Mais il n'observa pas rien que cela. L'excitation du bout périphérique, en même temps qu'elle provoquait des mouvements, faisait pousser des cris à l'animal. Ce fait, qui parut incompréhensible à l'illustre physiologiste, faillit le faire passer à côté de la découverte. Mais Cl. Bernard, qui était alors son préparateur, ne tarda pas à l'élucider.

L'animal avait crié pendant l'excitation du bout périphérique de sa racine antérieure et Magendie avait bien constaté cette sensibilité faible du bout périphérique. Mais lorsqu'il voulut reproduire le même phénomène devant les savants étrangers qui venaient à son laboratoire pour en être témoins, il ne put y réussir. C'est alors que Cl. Bernard, qui devait plus tard si bien poser les règles du déterminisme expérimental, se dit que, puisque le fait avait antérieurement été constaté, sa non-reproduction devait tenir à ce qu'on ne se plaçait plus dans des circonstances déterminantes identiques. Il remarqua, en effet, que lorsque l'animal était préparé quelque temps à l'avance pour le cours, la sensibilité de la racine antérieure était constatable, c'est-à-dire qu'il était nécessaire que l'animal fût reposé et que sa sensibilité ne fût pas épuisée par les douleurs qui accompagnent l'ouverture du canal rachidien, pour que l'expérience pût être reproduite. C'est ainsi qu'il en établit le déterminisme.

ments directs de la masse cérébrale que des nerfs proprement dits. Il y a donc, on le voit, en anatomie comme en physiologie, une transition toute naturelle des nerfs rachidiens aux nerfs crâniens.

Si le nerf moteur est sensible, dans son bout périphérique, il ne peut devoir cette sensibilité qu'à des filets de la racine postérieure qui viennent se mêler à lui par un trajet récurrent. La preuve en est facile. Il suffit de couper la racine postérieure correspondante pour ne plus trouver de sensibilité dans les extrémités des racines antérieures.

Mais s'il est bien démontré qu'il existe des fibres récurrentes, où cette récurrence se fait-elle?

Longet, qui étudia la question parallèlement à Magendie et à Cl. Bernard, émit l'hypothèse qu'elle se fait au niveau même de la jonction des deux racines.

Mais Cl. Bernard démontra que la section du nerf mixte détruit la récurrence ; donc, elle se fait à la périphérie et les racines antérieures empruntent leurs fibres sensitives aux fibres récurrentes de la périphérie.

Pendant vingt ans, la sensibilité récurrente demeura seulement comme un chapitre curieux de physiologie. La clinique chirurgicale vint en 1864 révéler toute son importance.

A cette époque, entra dans le service de Laugier un malade dont le nerf médian, lequel innerve la moitié externe de la face palmaire de la main, était coupé. Sans avoir eu soin d'interroger préalablement la sensibilité, on sutura immédiatement les deux bouts du nerf. Le lendemain, on s'aperçut que l'index était sensible et Laugier en conclut qu'il s'était fait une réunion immédiate du nerf. Cette idée renversait toutes celles qui étaient alors acceptées et Nélaton, suivi de la plus grande majorité des médecins, combattit vivement l'opinion de Laugier.

Les choses restèrent toutefois dans le doute pendant trois ans. En 1867, M. Richet reçut à l'hôpital une jeune femme qui, à la suite d'une chute sur des tessons de bouteilles, présentait à l'avant-bras une large plaie au fond de laquelle on apercevait très bien les deux bouts du médian. Avant de pratiquer une suture, M. Richet eut l'idée d'interroger la sensibilité du bout central et du bout périphérique, et il constata que, dans les deux cas, la malade ressentait de la douleur. Le problème se trouvait élucidé. A la phériphérie, en effet, existent des anastomoses et des récurrences ; des fibres du nerf cubital remontent dans le médian. Donc, si le nerf de Laugier avait retrouvé sa sensibilité, c'est qu'il ne l'avait jamais perdue.

La physiologie devait de nouveau reprendre la question et l'élucider complètement. MM. Arloing et Tripier (de Lyon) pratiquèrent de nouvelles expériences sur le chien. Ils coupèrent le médian et reconnurent que son bout périphérique était sensible. Ils constatèrent également que le même fait pouvait être observé pour tous les nerfs; que la quantité de fibres récurrentes est plus considé-

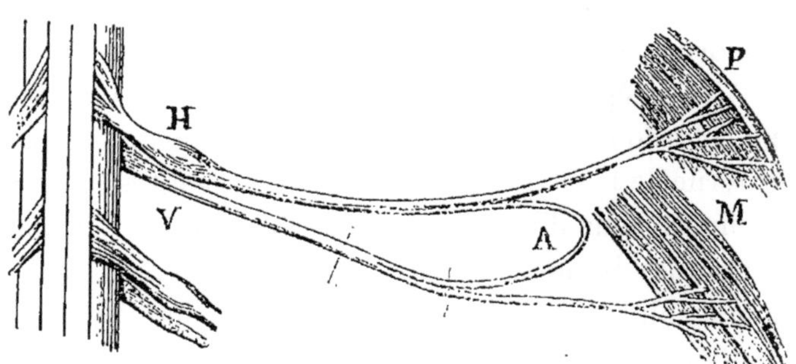

Fig. 16. Schéma de la sensibilité récurrente.

H, Racine postérieure sensitive allant à la peau (P). — V, Racine antérieure motrice allant au muscle (M). — A, Rameau qui se détache du nerf sensitif et remonte (récurrence) dans le nerf moteur (Mathias Duval, art. Syst. nerv. du Dictionn.).

rable à mesure qu'on s'approche de l'extrémité périphérique et qu'en général les fibres récurrentes ne remontent pas très loin au delà de cette extrémité.

La question de la récurrence a été fort embrouillée à

son début. Aujourd'hui qu'elle est devenue très nette, elle fait voir une fois de plus que la physiologie et la médecine ne font qu'une seule et même science. La physiologie a montré l'existence de la sensibilité récurrente, la clinique a rendu évidente son importance et c'est la physiologie qui a fourni les derniers matériaux nécessaires à sa connaissance complète.

C'est par les anastomoses nerveuses qui donnent lieu à la sensibilité récurrente, que s'expliquent beaucoup de formes de névralgies extérieures, ainsi que les insuccès qui suivent leur traitement au moyen de la section du nerf affecté. En effet, qu'on coupe le sus-orbitaire pour enrayer une névralgie, celle-ci n'en fera souvent pas moins sentir ses excitations douloureuses, car elles ont pris alors un autre chemin par l'intermédiaire des anastomoses périphériques. Ce n'est quelquefois qu'après cinq ou six sections nerveuses différentes qu'on peut faire disparaître la douleur, après avoir mis de cette façon, pour ainsi dire, le territoire douloureux en quarantaine.

Dans tous les traités d'anatomie, on affirme qu'il n'y a aucune comparaison possible à établir entre les anastomoses vasculaires et les anastomoses nerveuses. On voit par l'étude qui précède que, pour ce qui est des nerfs sensitifs, il y a échange intime et récurrence d'un nerf à l'autre : d'après cet échange de fibres entre deux nerfs, on pourrait presque dire aujourd'hui que le mélange des éléments nerveux est aussi intime que celui des éléments sanguins dans les anastomoses.

QUATRIÈME LEÇON

RÉCEPTION CENTRALE

Actes réflexes : définition, lois, agents modificateurs du pouvoir excito-moteur de la moelle, importance des réflexes. — Action de perception consciente. — Expériences de Schiff. — Actions initiales des modificateurs des centres. — Synesthésies. — Extérioration des sensations. — Classification des sensations. — Sensations douloureuses. — Sensations vagues ; faim et soif. — Sensibilités spéciales.

La réception par les centres est un phénomène plus ou moins mystérieux en vertu duquel ce qui a été conduit par le nerf sensitif arrive à l'axe gris.

Alors, il peut se produire deux choses, qui du reste ont le plus souvent lieu simultanément : ou bien le courant nerveux se propage tout le long de l'axe jusqu'au cerveau et, dans ce cas, il y a *perception avec conscience*, ou bien la propagation s'arrête dans l'axe gris et s'y localise en donnant lieu à des *actes réflexes*.

Quoique nous ayons ici principalement pour objet d'étude les nerfs sensitifs et que le phénomène réflexe soit surtout du domaine de l'étude des nerfs moteurs, il est cependant nécessaire de s'y arrêter ici, puisque ce phénomène est un des résultats de l'excitation des nerfs sensitifs que nous étudierons ensuite plus spécialement dans cette partie du cours. Nous devons donc nous demander ce que c'est qu'un *acte réflexe*, quelles sont les *circonstances* de sa production et les *lois* qui le régissent.

On a défini l'acte réflexe : *un mouvement succédant à une impression non sentie*. Cette définition n'est ni suffisamment exacte ni générale. Quoique, en effet, l'excitation passe dans la moelle et y donne lieu à une réaction réflexe, il n'en arrive pas moins que souvent l'impression a été sentie bien que la volonté ait été impuissante à réprimer le mouvement consécutif. Ainsi, qu'on aspire du tabac par les narines, l'excitation produite sera sentie, et, en même temps, l'éternuement (acte réflexe) pourra être irrésistible malgré tous les efforts qu'on tentera pour y mettre obstacle; que la luette soit chatouillée à la suite de quelque manœuvre d'exploration médicale, et des nausées incoercibles pourront en être la conséquence inévitable.

Autre définition peut-être plus exacte : les actes réflexes sont des mouvements involontaires succédant à une impression périphérique.

Mais des exemples seront préférables à la discussion des définitions.

Chez un individu profondément endormi, la volonté et la sensation sont éteintes. Si, à cet individu, dont les fonctions du cerveau se trouvent ainsi annihilées par le sommeil, on vient à chatouiller la plante d'un pied, immédiatement il retirera ce pied, en fléchissant la jambe sur la cuisse et la cuisse sur le bassin. Un mouvement s'est donc produit, mais le cerveau n'a rien perçu ; le mouvement a été involontaire, il a été *réflexe*.

Nous venons d'expérimenter sur un homme *sans cerveau*, il nous sera facile de supprimer cet organe chez un animal en lui coupant la tête. Si l'on pratique cette opération sur une grenouille, on constate qu'elle ne bouge plus, elle n'a plus l'*idée* de bouger. Mais si on pince ou pique l'animal, l'excitation arrivera à la moelle et la grenouille décapitée sautera. On pourrait arriver au même résultat en se bornant à détruire les connexions de la moelle avec le cerveau au moyen d'une section pratiquée dans l'intervalle occipito-altoïdien. Le phénomène observé dans cette expérience est un phénomène réflexe et on l'a obtenu en supprimant chez l'animal la sensation et la volonté.

On croyait au temps jadis que tout émanait du cerveau; la moelle n'était considérée que comme un gros nerf. On a reconnu aujourd'hui qu'elle était un centre nerveux, siège des actes réflexes.

Le nom de phénomènes réflexes a été créé par comparaison avec les phénomènes physiques de réflexion d'un rayon lumineux. La substance grise de la moelle a été comparée au miroir réfléchissant, le conducteur centripète (sensitif) au rayon lumineux incident et le conducteur centrifuge (moteur) au rayon lumineux réfléchi.

Prochaska est le premier qui ait donné une bonne définition du réflexe, c'est la plus simple et la meilleure que nous en ayons encore aujourd'hui : « *Impressionum sensoriarum in motorias reflexio.* »

Ce qui caractérise le mouvement réflexe, ce n'est donc pas la sensation ou la non sensation de l'excitation, c'est la fatalité, l'automatisme de la réaction. Le courant nerveux subit une réflexion absolument comparable à celle que subit la lumière.

Avant Prochaska, on ne pouvait analyser les éléments d'un acte réflexe, puisqu'on ne savait pas faire la distinction fonctionelle des fibres motrices et des fibres sensitives. Descartes avait bien parlé du « flux et reflux des esprits animaux », et Willis, dans son traité *De brutarum anima*, mentionne également ces reflux, qu'il décrit : « *sicut ondulatione reflexa* ». Mais on ne saurait voir là l'origine de la connaissance des réflexes, laquelle ne commence qu'à Prochaska pour se continuer par les brillantes recherches de Legallois, Cl. Bernard, Longet, etc.

L'étude des actes réflexes a été poussée très loin par un physiologiste anglais dont les travaux datent de 1820 à 1830, Marshall-Hall. La nomenclature qu'il en a faite, quoique démodée aujourd'hui, est cependant utile à rappeler. Marshall-Hall avait donné le nom d'*arc diastaltique* à l'ensemble des voies réflexes et il avait appelé *fibre eisodique* (εις *en dedans*, οδος, *route*) la fibre centripète, et *fibre exodique* (εξ, *en dehors*, οδος, *route*) la fibre centrifuge.

Mais l'acte réflexe ne pouvait être bien compris que du jour où la nature des éléments nerveux fut bien connue. A l'époque de Marshall-Hall, on n'avait absolument que la notion de la substance grise. Aujourd'hui, nous avons substitué à cette notion vague celle, plus précise, de la cellule nerveuse et nous pouvons définir les phénomènes réflexes : *Des actes par lesquels une excitation portée à la périphérie d'un nerf sensitif suit ce nerf, arrive à la cellule nerveuse et, par l'intermédiaire de cette cellule, se réfléchit sur un nerf moteur pour aller déterminer un acte périphérique d'ordre moteur ou secrétoire.*

L'analyse des réflexes [1] étant ainsi exactement faite,

[1] On a discuté sur la légitimité de l'adjectif *réflexe* employé substantivement à la place d'*acte réflexe*. Quoi qu'il en soit, l'usage paraît être généralement adopté d'employer le premier terme pour la commodité du angage ; c'est ainsi, d'ailleurs, qu'il s'est introduit dans la littérature contemporaine où on l'emploie assez fréquemment.

il s'agit d'étudier les lois de leur production et c'est là un grand chapitre de physiologie.

Au lieu de nous contenter d'énoncer les lois qui régissent les phénomènes réflexes, nous allons les développer en suivant expérimentalement leurs manifestations.

Prenons une grenouille décapitée et déposons sur un point circonscrit de sa patte une goutte d'acide acétique dilué : aussitôt la grenouille retirera la cuisse et la fléchira sur le bassin. Nous venons d'observer ici la *loi d'intensité :* la contraction a été plus considérable et s'est faite dans une sphère plus étendue que celle de l'excitation ; un orteil a été excité et on a vu tout le membre se contracter.

Doublez la dose d'acide et appliquez-la sur la patte préalablement étendue ; vous observerez alors non seulement un mouvement dans cette patte, mais aussi dans la patte congénère : c'est la *loi de symétrie;* l'excitation a été assez forte pour produire des contractions jusque dans le membre placé symétriquement.

Que l'acide ait un degré de concentration de plus, et l'on verra les membres antérieurs se mouvoir à leur tour ; l'excitation a agi d'arrière en avant : c'est la *loi de l'irradiation.*

Enfin, que l'excitation soit portée à son summum, et on obtiendra des mouvements de la totalité du corps ; la grenouille effectuera un mouvement de fuite en avant : c'est la *loi de généralisation.*

Telles sont les principales lois des réflexes qu'on peut résumer dans une formule très simple, à l'aide d'une comparaison vulgaire : l'excitation centripète arrivant à l'axe gris y forme *tache d'huile;* plus elle sera considérable, plus la tache s'étendra le long de la moelle, d'abord d'un côté à l'autre, et ensuite d'arrière en avant.

Ces lois des réflexes paraissent évidemment fort simples, et cependant ce n'est qu'à la suite d'expériences très délicates qu'on est arrivé à les formuler et à les préciser.

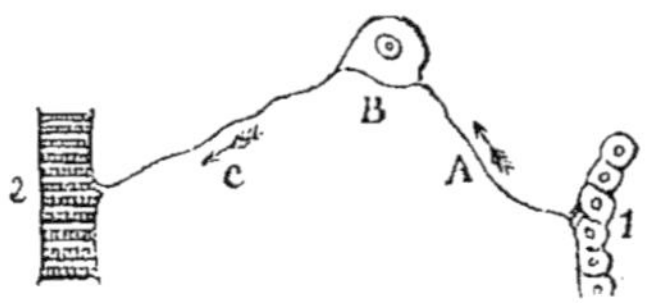

Fig. 17. Schéma d'un réflexe simple.

1, surface (épithelium); — 2, muscle: — A, fibre centripète; — B, cellule nerveuse centrale; C, fibre centrifuge. — A B et C forment *l'arc nerveux* qui préside au réflexe : *arc diastaltique* de Marshall-Hall; dans la nomenclature de cet auteur, A représente la *fibre eisodique;* B le centre excito-moteur, et C la *fibre exodique.* (Küss et Duval.)

Il existe plusieurs agents ou substances qui ont le pouvoir de modifier les phénomènes réflexes suivant qu'ils s'adressent à l'un des trois éléments du circuit. Nous en avons déjà parlé à propos des nerfs centripètes, nous en avons dit également quelques mots quant aux nerfs centrifuges et relativement à l'action du curare. Il nous reste à étudier l'action de certains agents sur les fonctions de l'élément nerveux central, c'est-à-dire sur la propriété que possède la cellule nerveuse de transformer l'excitation en mouvement, en un mot sur le pouvoir excito-moteur de l'axe gris.

Parmi les substances qui augmentent ce pouvoir excito-moteur, se place en première ligne la strychnine. Il suffit, pour amener des réflexes sur une grenouille empoisonnée par cette substance, de frapper très légèrement le liège sur lequel est fixé l'animal pour qu'il entre en convulsions et devienne immédiatement rigide. Dans les cas de suicides ou d'accidents à la suite de l'absorption de la strychnine, on observe une énorme exagération de l'excitabilité nerveuse du malade; le seul fait de marcher sur le parquet de sa chambre, par le fait de l'excitation résultant de l'ébranlement transmis jusqu'à lui, provoque chez le malade des convulsions et peut déterminer une raideur tétanique.

Les substances qui affaiblissent le pouvoir excito-moteur de la moelle sont généralement moins connues que les précédentes. C'est aux travaux de M. Laborde qu'on doit les expériences les plus complètes sur la détermination précise de l'action d'une d'entre elles, le bromure de potassium. M. Laborde a démontré que cet agent diminue et peut aller jusqu'à abolir complètement le pouvoir excito-moteur de l'axe gris. L'animal conserve les mouvements volontaires ainsi que l'excitabilité de la région cérébrale. Ainsi, une grenouille placée sous l'influence du bromure de potassium ne réagira pas si on lui pince la patte. Le réflexe médullaire est donc aboli. Le bromure de potassium a, par conséquent, une action inverse de celle de la strychnine. C'est ce qui explique pourquoi les médecins emploient le bromure de potassium dans tous les cas caractérisés par un excès d'irritabilité médullaire. Dans l'épilepsie, par exemple, ce médicament diminue les réactions spinales. D'un autre côté, certains mouvements réflexes, qui existent normalement à l'état physiologique, disparaissent chez les sujets soumis à l'action du bromure. Ainsi chez eux, l'excitation de l'arrière-gorge ne produit aucune nausée, et c'est là l'indice de la saturation de l'organisme par le bromure de potassium.

L'importance des réflexes est énorme en physiologie. Bien des mouvements, qu'on croit souvent exécuter au moyen de la volonté, s'accomplissent par simple mécanisme réflexe. Ainsi :

La toux est provoquée par les mucosités que l'épithélium vibratile amène jusqu'au larynx.

Le clignement qui permet aux larmes de s'étaler sur la conjonctive ne se produit plus lorsque les nerfs sensitifs de cette membrane sont paralysés ; l'influence de l'air n'est plus alors ressentie et la conjonctive se dessèche.

Dans la déglutition, la volonté fait cheminer le bol alimentaire jusqu'au voile du palais, mais à cet endroit son contact produit un réflexe en vertu duquel le bol alimentaire poursuit sa route. Il est impossible, en effet, d'effectuer la déglutition *à vide;* il est nécessaire que quelque chose vienne impressionner la région du voile du palais, et lorsqu'on veut essayer d'effectuer la déglutition sans bol alimentaire, on amène toujours forcément un peu de salive. Ce qui le prouve, c'est qu'après chaque tentative de ce genre, la réalisation devient de plus en plus difficile, car on est obligé d'attendre la production de la salive, et on ne peut plus arriver à produire la déglutition après la huitième ou la dixième reprise.

Dans la sphère génitale, tout se fait par réflexe depuis l'érection jusqu'à l'éjaculation. La volonté n'a d'action que sur les circonstances déterminantes.

Nous arrivons maintenant à l'étude du fonctionnement du centre cérébral. Lorsque l'excitation arrive à cet endroit il se produit un *acte de perception consciente.* Si la nature intime de ce phénomène échappe à notre analyse, comme d'ailleurs la nature intime de la plupart des phénomènes élémentaires, nous n'en sommes pas réduits cependant à nous contenter de lui donner un nom, et il nous est permis de déterminer au moins les conditions de sa production. L'analyse expérimentale nous montre, en effet, que toutes les fois que, dans une machine organique, un phénomène se produit, il y a absorption ou dégagement de chaleur, et qu'une combustion a pour corollaire un dégagement de forces. Or, l'acte de conscience est un acte matériel, un acte physico-chimique, car lorsque l'excitation et la perception qui en est la conséquence ont eu lieu, le nerf conducteur et le centre récepteur se sont échauffés et le dégagement de chaleur a été appréciable.

Sur ce sujet, beaucoup d'expériences ont été pratiquées en Allemagne et en Italie; nous citerons seulement les expériences de Schiff qui datent de 1869.

Ce physiologiste ne s'est pas servi du thermomètre pour évaluer la production de chaleur dans le cerveau; cet instrument, en effet, est peu capable de donner l'estimation de variations infinitésimales. C'est à l'aide d'aiguilles thermo-électriques qui dévient un courant galvanométrique lorsqu'elles plongent dans des milieux de températures différentes, qu'il a effectué ses délicates expériences. Les fines aiguilles thermo-électriques peuvent être sans inconvénient plongées dans la pulpe cérébrale d'un animal, et c'est par ce procédé que Schiff a constaté que, chaque fois que le cerveau recevait une excitation, il se produisait une déviation du galvanomètre.

Pour répondre aux objections qu'on aurait pu faire à ces expériences et pour bien montrer que l'élévation de température était due aux phénomènes nerveux centraux, Schiff observait comparativement sur un chien dont il excitait la patte avant ou après la section du sciatique. Dans le premier cas, à toute excitation correspondait une élévation de température cérébrale; dans le second cas, l'aiguille du galvanomètre n'était pas déviée puisque le cerveau ne recevait plus rien de la périphérie (patte à sciatique coupé).

Pour prouver que c'est bien dans le centre cérébral que se fait l'élévation de température, Schiff plante l'aiguille dans le cervelet. On admet aujourd'hui que cet organe ne joue aucun rôle dans les sensations et qu'il constitue une région motrice présidant à la coordination des mouvements. L'excitation ne devait donc pas produire d'élévation de température, et c'est ce qui eut lieu en effet.

Nous savons que certaines substances (anesthésiques) déterminent l'abolition de la perception centrale. Or, sur un chien anesthésié on n'obtient aucun phénomène de calorification cérébrale.

Les expériences qu'on pratique, en prenant le nerf sciatique comme conducteur, peuvent être remplacées par des expériences plus délicates mettant en jeu les nerfs de la sensibilité lumineuse ou acoustique. Schiff en donne les résultats dans des récits fort intéressants. C'est ainsi qu'il raconte qu'en faisant résonner inopinément un coup de sifflet à l'oreille d'un chien, et que d'autre part en éblouissant la rétine de l'animal par la brusque ouverture d'un parapluie rouge, il a observé dans les deux cas une déviation de l'aiguille galvanométrique.

Schiff et d'autres expérimentateurs ont poussé plus loin ces expériences : ils sont arrivés à mesurer la *durée* de la perception.

On peut concevoir facilement l'idée de la durée d'une perception en se rappelant cette expérience enfantine dans laquelle on imprime un mouvement giratoire à un charbon incandescent. L'impression reçue est celle d'un cercle de feu, par ce fait que le charbon est revenu assez vite à son point de départ pour que la première perception lumineuse se trouve subsister au moment où se fait la dernière.

Cette perception a donc duré un certain temps, et c'est ce « temps physiologique », ou espace qui s'écoule entre la production d'une excitation de nos sens et la réaction (mouvement musculaire) par laquelle nous manifestons l'existence d'une perception, qui a été mesuré expérimentalement :

Hirsch, de Neuchâtel, a trouvé les valeurs suivantes en secondes :

Ouïe	0,149
Vue (d'un phénomène soudain). . . .	0,200
Vue (d'un phénomène attendu). . . .	0,077
Tact (main gauche)	0,182

Iaager a surtout étudié la différence du « temps physiologique » selon que le phénomène qui cause la sensation est ou n'est pas prévu :

Ouïe (bruit attendu)..	0,180
Ouïe (bruit inattendu).	0,250
Vue (étincelle attendue)	0,184
Vue (étincelle inattendue)	0,356
Tact (le côté excité est connu d'avance)	0,204
— — inconnu.	0,272

Mach a cherché à réaliser les conditions où le temps physiologique devait être aussi court que possible, il a trouvé comme minimum :

Ouïe.	0,016
Tact.	0,029
Vue.	0,047

De toutes les perceptions, celles de l'ouïe sont donc les plus promptement perçues.

Donders a imaginé un appareil servant à mesurer le *temps d'une pensée simple.* Obersteiner a inventé un appareil très simple qu'il appelle *psychodomètre*, et au moyen duquel on peut mesurer également le temps de la réaction psychologique.

On pourrait se demander si les différentes durées obtenues dans les expériences de Hirsch, de Iaager, de Mach sont vraiment cérébrales ; ou bien s'il ne s'agit pas là du temps nécessaire à l'ébranlement des organes périphériques. Ce temps est en grande partie cérébral, puisqu'on peut abréger sa durée au moyen de l'attention.

Il existe d'autres considérations de faits qui nous prouvent définitivement que, si nous ne connaissons pas la nature de la perception cérébrale, nous pouvons certainement affirmer qu'elle est d'essence matérielle et du domaine physico-chimique.

Nous connaissons des substances qui, portées par le sang au contact du cerveau, abolissent momentanément ses fonctions : tels sont les anesthésiques. Nous connaissons d'autre part certaines conditions dans lesquelles ces fonctions peuvent être exagérées. Telles sont principalement certains états pathologiques nerveux comme les hypéresthésies.

Il est à remarquer que toutes les substances qui finalement diminuent le pouvoir excito-moteur des centres, commencent par l'augmenter. De même que le curare, avant de faire perdre ses fonctions au nerf moteur, commence par les exagérer, et que son absorption se manifeste tout d'abord par des contractions fibrillaires, de même l'élément anatomique nerveux, avant de mourir, jette en quelque sorte son dernier éclat ainsi qu'une lumière qui va bientôt s'éteindre.

Le bromure de potassium diminue l'intensité du pouvoir excito-moteur, mais à condition qu'il soit absorbé à une dose suffisante. Si ce médicament est administré à faibles doses, il a pour effet d'exagérer l'excitabilité nerveuse.

Les anesthésiques n'agissent définitivement sur le cerveau qu'après une période d'hyperesthésie.

Nous avons maintenant à examiner une autre série d'actes résultant de l'action d'un centre sur un autre centre voisin et amenant ainsi, par des irradiations diverses, le phénomène connu sous le nom *d'extérioration* et *d'association des sensations.*

Prenons pour exemple le centre de la vision qui coudoie, pour ainsi dire, le centre du trijumeau, lequel préside à la sensibilité générale du nez. Si une vive lumière, comme celle du soleil, vient, sur un individu sortant d'un lieu obscur, à ébranler le nerf optique, le centre visuel se trouvera placé dans une sorte d'éréthisme qui se propagera jusqu'au centre du trijumeau. De là, une sensation de chatouillement dans les narines et un éternuement consécutif. Or, nous rapporterons fatalement cette sensation à une cause extérieure; comme si elle avait agi directement sur notre pituitaire, nous serons portés à l'*extériorer*. Et nous avons là l'exemple d'une sensation associée ou *synesthésie*.

On peut trouver à citer beaucoup d'exemples vulgaires de synesthésies.

Lorsqu'on prend un sorbet glacé on ressent quelquefois une constriction à la région des tempes. C'est que la glace a impressionné les filets nerveux du trijumeau qui se distribuent à la langue et que ceux-ci ont propagé l'impression jusqu'au centre du nerf qui tient également sous sa dépendance l'innervation de la région temporale.

Un son très aigu produit l'agacement des dents à cause de la contiguïté des centres du nerf acoustique et de ceux du trijumeau.

Souvent le médecin a quelque peine à découvrir la cause de nausées chez de jeunes enfants; l'examen de la gorge ne donne aucun indice et on finit à la longue par reconnaître que c'est l'existence d'un corps étranger dans le conduit auditif externe qui, par l'irritation qu'il développait sur le tympan, a déterminé un retentissement jusque dans les nerfs sensitifs du pharynx. On peut d'ailleurs produire expérimentalement des nausées par la titillation du conduit auditif externe.

En pathologie on peut constater beaucoup de ces irradiations de voisinage. Ainsi, le moignon d'un amputé de la cuisse devient douloureux dans les efforts de défécation, parce que les nerfs du rectum ébranlent par leur centre lombaire les nerfs de la cuisse.

Toujours les irradiations se font entre centres voisins : la contiguïté est nécessaire. On ne verra jamais, par exemple, des synesthésies entre l'œil et la plante du pied.

M. Gübler, notre regretté maître, a signalé des douleurs en écho ou *douleurs échotives*. Un malade s'écorche, par exemple, un bouton situé vers la racine de la cuisse et il éprouve un élancement autour de l'ombilic. Si le bouton est à l'ombilic, la douleur sera ressentie à l'épaule. Il faut remarquer que la répercussion douloureuse se fait toujours à un niveau supérieur et demeure fixée du même côté du corps, ce qu'explique la disposition anatomique des centres. Les douleurs échotives ne sont autre chose que des synesthésies. Mais il faut éviter de donner à ces sensations associées le nom de sensations réflexes, car il n'y a pas là de réflexion. De ce que le sujet rapporte à la périphérie l'impression reçue, il n'en faut pas conclure qu'il parte quelque chose du centre excité vers le lieu où nous rapportons la sensation associée. Il résulte seulement de ces faits que tout ébranlement central est constamment extériorisé par la conscience.

Cette extériorisation des sensations se produit non seulement quand c'est le centre qui est excité, mais aussi quand c'est le nerf qui l'est sur son trajet.

Ainsi, au bord interne du coude, existe la gouttière

épitrochléo-olécrânienne recouverte par la peau et dans laquelle passe le nerf cubital. Que, par un coup violent produit par le choc du coude sur le bord d'une table, le nerf soit comprimé, on ressentira un engourdissement dans la moitié interne de la main et une douleur qui sera rapportée, c'est-à-dire extériorée, au petit doigt.

Ces faits expérimentaux d'extérioration nous expliquent les phénomènes, au premier abord si bizarres, qu'on observe dans les opérations d'autoplastie.

Dans la naso-plastie, par exemple, on détache du front un lambeau triangulaire qu'on laisse adhérer à une pédicule et qu'on rabat sur la partie nasale à recouvrir. Ce lambeau conserve ses nerfs propres et, dans les premiers temps qui suivent l'opération, les impressions portées sur le nez sont ressenties au front; elles sont extériorées d'après l'habitude acquise, et ce n'est qu'à la longue que l'opéré parvient à les extériorer exactement.

Le rat de l'expérience de M. Paul Bert (voy. ci-dessus page. 39) extériorait mal, après l'opération, les sensations qu'il recevait au bout de la queue; il les rapportait vers son dos et voulait mordre la région correspondant au lieu de soudure de son appendice lorsqu'on le lui pinçait. Plus tard il arrivera à bien extériorer.

L'extérioration est donc une affaire d'habitude, d'éducation.

On pourrait dire, au sujet de l'expérience que nous avons citée tout à l'heure sur le nerf cubital, qu'il s'est produit là un courant centripète et un courant centrifuge, et qu'ensuite ce dernier s'est réfléchi. Il n'en est rien, ou du moins l'existence des terminaisons périphériques du nerf en question n'est pas même nécessaire : en effet, si l'on interroge un amputé dont le moignon est toujours très sensible aux variations atmosphériques, il se plaindra, par exemple, de crampes dans le mollet, de douleurs dans les orteils et dans la plante du pied qu'il n'a plus. C'est que les centres nerveux ont l'habitude d'extériorer vers ces parties les excitations qui naissent sur un point quelconque du trajet des nerfs du moignon.

L'habitude, chez les amputés, finit par modifier leurs sensations. M. Guéniot a étudié ce phénomène sous le nom d'*illusions du raccourcissement du membre*. Le toucher a donné aux opérés la notion de l'absence de leur pied, et il leur semble cependant qu'ils souffrent dans un pied à jambe excessivement courte. Ainsi, dans les premiers temps qui suivent l'opération, l'amputé croit ressentir des douleurs dans les doigts du pied qui n'existe plus, plus tard il rapporte cette douleur encore au pied ou au mollet ou au genou absent, mais alors, comme nous le disions tout à l'heure, il s'imagine avoir ces sensations dans une jambe qui existerait en raccourci près du niveau de la surface amputée.

L'extérioration se produit non seulement lorsque le nerf a été directement excité mais également si l'excitation a été exercée immédiatement sur le centre. Celui-ci, dans ce cas, croit l'avoir reçue de la part du nerf.

Qu'on se figure, par exemple, un bureau télégraphique recevant à l'habitude des dépêches d'une ville de province. Que les fils soient coupés à une certaine distance et qu'à cet endroit se place quelqu'un qui continue à faire passer des dépêches; l'employé du bureau croira toujours recevoir des dépêches arrivant de la ville, et le rôle de cet employé qui extériore ainsi vers la province sera comparable à celui des centres nerveux.

La pathologie nous en montre de nombreux exemples.

Dans l'ataxie locomotrice, cette affection principalement caractérisée par des lésions du lieu d'implantation des racines postérieures, le malade accuse des douleurs atroces qu'il compare à des morsures faites par des chiens qui lui dévorent le pied, à mille aiguilles qui lui labourent la chair, à des décharges électriques, et il donne à ces douleurs une localisation et un caractère extérieur qu'elles ne possèdent pas, du moins quant à leur cause productrice; il les extériore à des endroits où elles n'existent pas réellement. Toutes ces sensations proviennent uniquement d'un travail pathologique qui excite les centres ou les racines nerveuses près des centres.

Après avoir étudié les sensations en général nous avons à les décrire et à les classer. Nous les rangerons en trois ordres.

Dans le premier groupe nous placerons les sensations qui, ne nous donnant aucun renseignement sur la nature de l'agent impressionnant, nous avertissent seulement d'une *modification de nous-mêmes*.

Lorsqu'on s'est coupé maladroitement la main sans avoir vu l'instrument tranchant qui a produit la blessure, on a uniquement perçu une modification de soi-même par l'intervention d'un phénomène de sensibilité générale dont l'expression la plus commune est *la douleur*.

Dans le second groupe nous rangerons ces sensations tellement obtuses qu'elles ont reçu le nom de *sensations vagues*. Elles sont le résultat d'un état général de l'organisme et ne peuvent être localisées. Nous citerons parmi elles la *sensation de la faim* et la *sensation de la soif*.

La première dérive d'un épuisement du sang succédant à un fonctionnement de l'organisme et elle est le symptôme d'un besoin de réparation. On rapporte généralement volontiers à l'œsophage et à l'estomac la sensation de la faim, parce que nous sommes habitués à faire disparaître le besoin de manger par l'ingestion d'aliments dans l'estomac. Mais on peut également calmer la faim au moyen de l'absorption d'une émulsion de jaune d'œuf par la voie rectale : elle n'est donc pas véritablement une sensation stomacale. On pourrait peut-être prétendre que la faim résulte de sensations associées rapportées à l'estomac. Mais Schiff a interrogé des hommes peu cultivés, ignorant absolument que les aliments se rendent à l'estomac (il s'est surtout adressé à des soldats), et il a vu que parmi les jeunes conscrits les uns rapportaient la sensation de la faim au cou et les autres à une partie quelconque du thorax. Il n'en trouva que deux qui en indiquèrent le siège à l'estomac, et ceux-là étaient des infirmiers qui devaient avoir, en raison de leurs fonctions, quelques connaissances plus spéciales à ce sujet.

Donc, dans la faim, c'est tout l'organisme qui a faim. Il en est de même pour la soif. Certainement ce besoin est calmé par le passage dans le pharynx d'un liquide rafraîchissant, mais une injection d'eau dans le rectum ou dans l'intestin grêle par la voie d'un anus artificiel l'apaise également. Magendie a observé que des chiens altérés de telle sorte qu'ils se précipitaient avec impétuosité sur l'eau qu'on leur présentait, devenaient absolument indifférents à la vue de ce liquide si on leur avait injecté préalablement une certaine quantité d'eau dans les veines.

La soif n'est donc qu'un phénomène de déshydratation du sang et elle ne peut être rangée comme la faim, et aussi comme le besoin de respirer, que parmi les sensations vagues dont nous n'avons pas à faire ici l'analyse.

Enfin, le troisième groupe nous présentera à étudier les sensations dites *sensibilités spéciales*. Celles-là nous donnent une idée définie de la nature de l'agent impressionnant et laissent inaperçue la modification de nous-mêmes.

Lorsque vous touchez une pièce de monnaie, vous pensez à l'existence des détails du relief et nullement à la modification de vous-mêmes.

De même, lorsque l'oreille entend un son musical, vous ne songez pas à l'ébranlement de l'organe de l'ouïe, vous en faites, en quelque sorte, la soustraction, et seules les qualités harmoniques du son vous impressionnent.

D'autre part, si l'on aspire par le nez un flacon rempli d'ammoniaque ou bien d'essence de moutarde, on s'en éloigne aussitôt sans notion sur l'odeur qui n'a eu pour effet que de vous impressionner douloureusement parce que, dans ce cas, c'est la sensibilité générale seule qui a été mise en jeu, et que la modification de nous-mêmes a été sentie. Mais si l'on a devant soi un flacon de musc ou d'essence de rose, ce qui préoccupe, dans ce cas, ce n'est pas la modification de nous-mêmes, c'est la nature de l'odeur, parce qu'alors la sensibilité spéciale est entrée en fonction.

Les sensibilités spéciales se définissent par la nature de leur agent producteur. Nous aurons à examiner ces sensibilités par rapport au toucher, à la vue, à l'ouïe et à la sensibilité gustative.

Nous verrons toutefois que cette dernière sensibilité, à cause des nerfs qui président à son exercice, tient le milieu entre une sensibilité générale et une sensibilité spéciale, qu'ainsi les substances amères ne produisent peut-être qu'une impression de douleur à laquelle on cherche à se soustraire et non pas une impression de saveur; que, pour la production d'une saveur, l'olfaction joue souvent le plus grand rôle; enfin, qu'en somme, on peut faire beaucoup de restrictions pour admettre le goût parmi les sensibilités spéciales.

CINQUIÈME LEÇON

DU TOUCHER

Structure de la peau. — Epiderme. — Derme : corpuscules de Pacini, de Meissner, de Kraüse, ramifications nerveuses de Conheim. — Distinction de trois espèces de sensations cutanées. — Sensation de température : expériences de Weber ; distribution de la thermesthésie à la surface de la peau ; hypéresthésie et conservation du sens thermique. — Sensation du contact : esthésiomètre ; illusions de contact ; cercles de sensations ; champs nerveux ; forme des objets ; expérience d'Aristote ; du sens du contact chez les animaux ; son développement chez les aveugles et à la langue. — Sensation de pression ; sa répartition cutanée ; action de soupeser ; sensation de pression dans les cavités intérieures.

Avant d'étudier le sens du tact, il n'est pas inutile de jeter un rapide coup d'œil sur l'anatomie du tégument externe.

La peau comprend deux couches ; une profonde, constituant le cuir de la peau, susceptible d'être durcie par le tannin, c'est le derme (δερμα) et une superficielle, qu'on considérait autrefois comme un vernis, c'est l'*épiderme*. (επιδερμα).

Le derme a une structure cellulo-fibreuse, l'épiderme est uniquement formé de cellules.

L'épiderme présente, à considérer tout d'abord, une couche profonde dont les éléments les plus inférieurs sont cylindriques et les plus supérieurs composés de cellules plus ou moins globuleuses à diamètres à peu

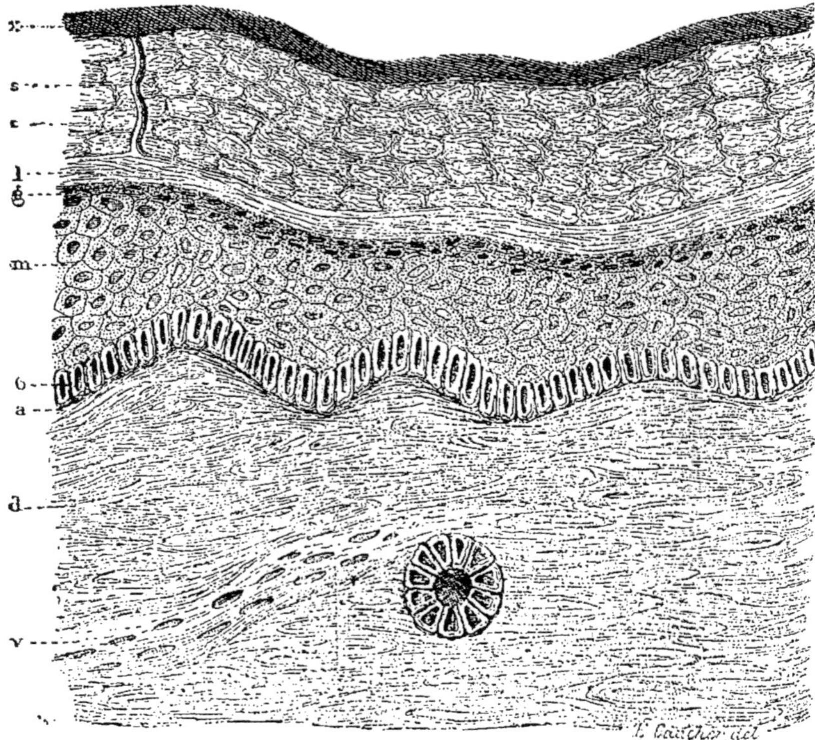

Fig. 18. Coupe d'ensemble de la peau du petit doigt d'un supplicié de vingt ans, préparée à l'acide osmique. (E. Gaucher.)

x, surface de l'épiderme noircie par l'acide osmique; — *s*, conduit sudoripare; — *c*, couche cornée (stratum corneum); — *l*, stratum lucidum; — *g*, stratum granulosum; — *m*, couche de Malpighi; — *b*, couche basilaire; — *a*, basement-membrane recouvrant les papilles; — *d*, derme; — *v*, un vaisseau du derme.

près égaux dans tous les sens, *cellules isodiamétrales*. Tout cet ensemble est formé d'éléments possédant toujours un noyau. On l'a appelé *couche de Malpighi*, du nom de celui qui l'a découverte, et comme cet anatomiste avait observé que la chaleur fait fondre cette couche en une sorte de mucus, on lui a donné également le nom

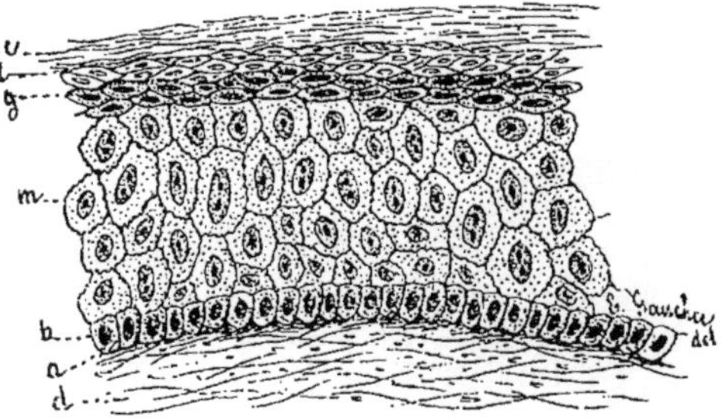

Fig. 19. Structure de l'épiderme, ses cinq couches. Peau de l'aile du nez d'un supplicié de vingt ans. (E. Gaucher.)

c, couche cornée; — *l*, stratum lucidum; — *g*, stratum granulosum; — *m*, couche de Malpighi, cellules crénelées; — *b*, couche basilaire; — *a*, basement-membrane; — *d*, derme.

de *corps muqueux de l'épiderme*. En effet, après une brûlure il survient une ampoule qui est produite par liquéfaction de ce corps muqueux; les excitations mécaniques, comme une compression souvent répétée, produisent sur

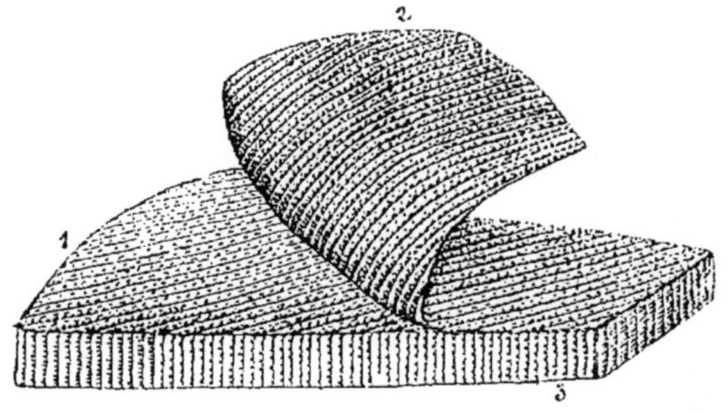

Fig. 20. Couche muqueuse de l'épiderme de la paume de la main, détachée par voie de macération. (Sappey.)

1, couche cornée de l'épiderme dont l'épaisseur est triplée par suite de son imbibition; — 2, couche muqueuse détachée de la précédente et renversée: elle est beaucoup plus mince et d'une couleur plus foncée que celle-ci; — 3, 3, coupe verticale des deux couches, montrant leur épaisseur relative. (Sappey.)

le vivant le même effet, et tout le monde connaît les *ampoules* qui se produisent aux mains par exemple lorsqu'on s'est livré pendant un certain temps à l'exercice de la rame, du trapèze, etc.

Au-dessus de l'ampoule dont nous venons de parler existe une sorte de petit voile qui n'est autre chose que la *couche cornée de l'épiderme*. Celle-ci est composée de cellules plates disposées en lamelles. Ces cellules, après

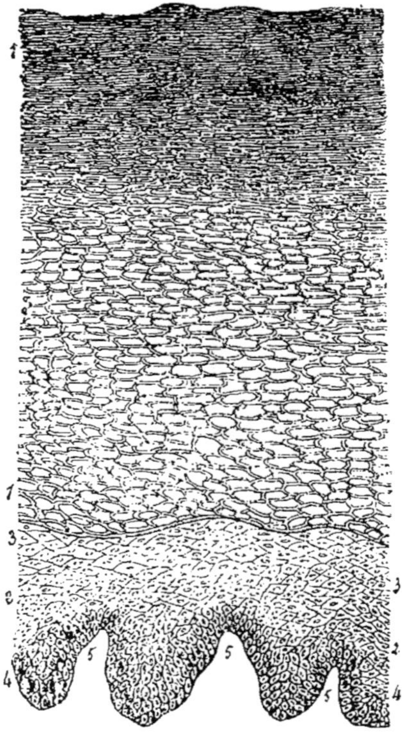

Fig. 21. Coupe verticale de l'épiderme de la paume de la main, vue à un grossissement de 100 diamètres. (Sappey.)

1, 1, couche cornée très épaisse composée de cellules superposées en grand nombre et dépourvues de noyaux ; — 2, 2. couche muqueuse formée de cellules qui toutes présentent un noyau ; — 3, 3, partie supérieure de cette couche, séparée de la précédente par une ligne ondulée ; — 4, 4, saillies de sa face profonde répondant aux sillons interpapillaires ; — 5, 5, 5, parties rentrantes répondant aux papilles.

avoir successivement végété, ont perdu leur noyau et se détachent incessamment en poussière furfuracée à l'instar de la desquamation qui s'effectue constamment au niveau de l'écorce de certains arbres.

Le derme est formé de faisceaux de tissu fibreux, qu'on appelle aussi lamineux ou conjonctif. Ces faisceaux onduleux comme des boucles de cheveux se condensent dans les couches profondes ; à la superficie du derme on trouve une couche de tissu conjonctif d'aspect transparent, où domine une substance interstitielle amorphe et qui forme les *papilles*.

Ces papilles qui donnent à la peau sa sensibilité sont pourvues de nerfs dont le mode de terminaison dans l'étendue du tégument externe se fait de trois façons différentes.

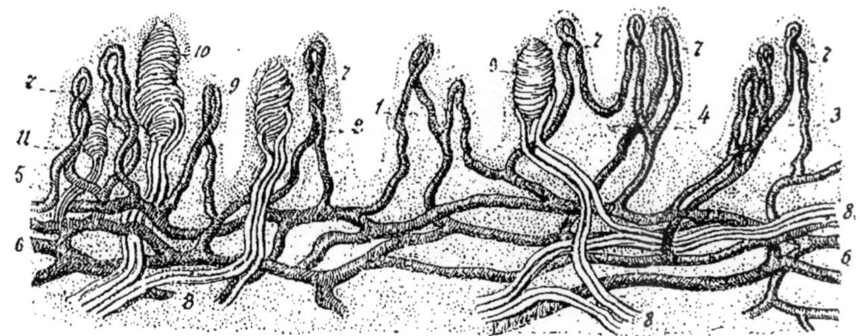

Fig. 22. Papilles de la paume de la main d'après Sappey.

1, 2, 3, 4, 5. papilles contenant des anses vasculaires 7, 7, 7, 7 : — les papilles 2, 4, 5 contiennent en outre des corpuscules de tact 9, 9, 10, 11 : — 6, 6, vaisseaux d'où partent les capillaires se rendant dans les papilles : — 8, 8, 8, tubes nerveux se rendant aux papilles.

Sous le derme, et particulièrement dans le tissu graisseux du fascia superficialis, on trouve les *corpuscules de Pacini*. Ce sont des corps ovalaires, visibles à l'œil nu et que, lorsqu'on dissèque dans la paume de la main les artères et les nerfs collatéraux, on rencontre abondamment sous la forme de grumeaux d'aspect graisseux, glissant sous la pince comme des noyaux de cerise qu'on chercherait à saisir. Ces corpuscules sont constitués par une série de membranes emboîtées les unes dans les autres; les plus gros mesurent 4 millimètres et les plus petits 1 millimètre de long. Suivant leur grosseur, ils possèdent de 20 à 60 capsules enveloppantes qui circonscrivent une cavité paraissant contenir une partie liquide dans laquelle le cylindre axe se ramifie pour se terminer en une sorte de bouton; ces membranes se continuent avec le *périnèvre* dont elles sont l'épanouissement.

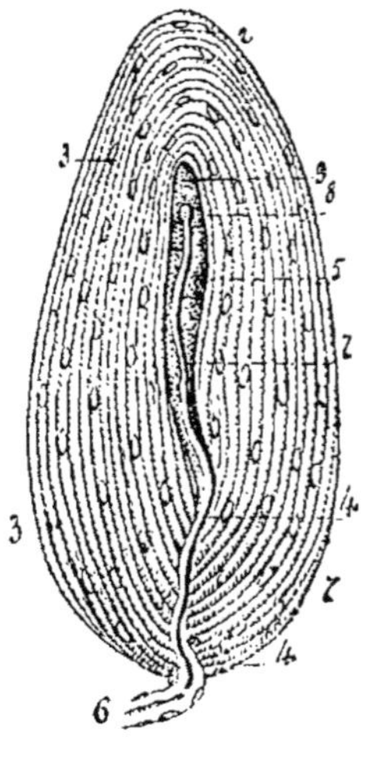

Fig. 23. Corpuscule de Pacini d'après Sappey.

2. sommet du corpuscule : — 3. 3. capsules pourvues de noyaux : — 4. 4. insertion des capsules sur la gaine du tube nerveux 6. lequel se termine par un bouton, 8 ; — 5. cavité du corpuscule. — En 6, on voit le tube nerveux complet avec tous ses éléments ; en pénétrant dans le corpuscule il se dépouille de sa myéline et de sa gaine, 7. 7 : — 9. substance granulée se continuant avec la base du bouton du tube nerveux.

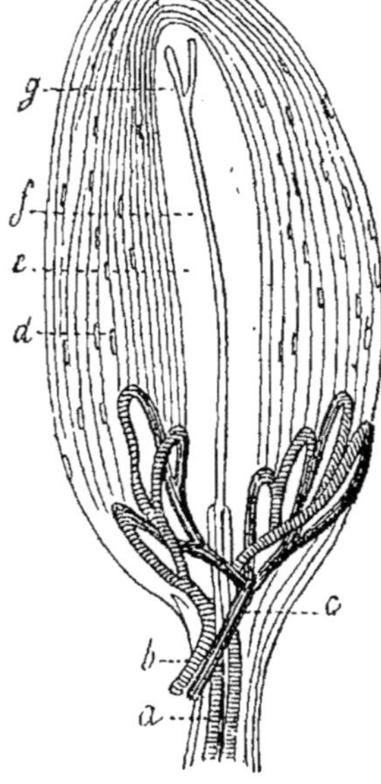

Fig. 24. Corpuscule de Pacini, d'après Ch. Legros (*in Anat. chirurgic.* de A. Richet).

a, nerf ; — *b*, artère ; — *c*, veine ; — *d*, enveloppe du corpuscule ; — *e*, bulbe central : — *f*, cylindre axe ; — *g*, son extrémité bifurquée.

A la superficie du derme, on rencontre les papilles formées par des saillies qui contiennent les corpuscules du tact ou *corpuscules de Meissner*.

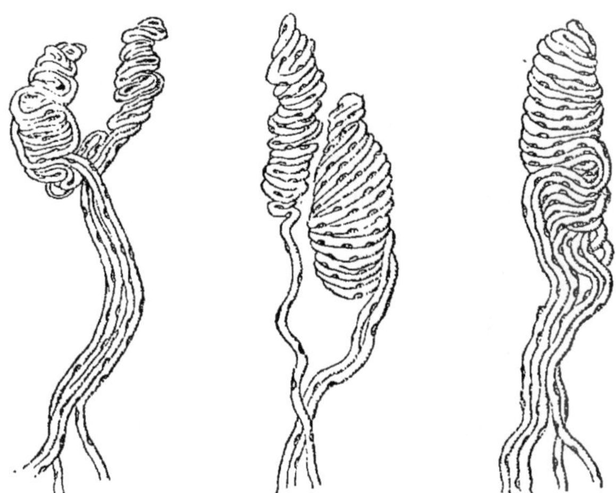

Fig. 25. Corpuscules de Meissner, d'après Sappey.

On voit sur ces corpuscules les pédicules composés de plusieurs tubes nerveux et on peut suivre l'enroulement de ces tubes : on y aperçoit également les noyaux de la gaine de Schawn.

Ceux-ci ne sont pas visibles à l'œil nu ; leur étude est très délicate : sur des coupes, on constate qu'ils mesurent de 50 à 100 π. On peut les comparer, quant à leur forme, à une toupie sur laquelle serait enroulée une ficelle. Le tube nerveux ou le cylindre axe s'enroule en effet autour d'une substance granuleuse possédant un noyau et se dilate ensuite en pénétrant dans son intérieur. Une forme plus élémentaire de ces corpuscules se rencontre dans la conjonctive (*corpuscules de Kraüse*) ; le cylindre axe y entoure seulement une ou deux fois la substance granuleuse et ne forme quelquefois même qu'une simple boucle.

Enfin, dans l'épiderme même, existent de petites ramifications nerveuses découvertes par Conheim qui les a étudiées dans l'épithélium antérieur de la cornée. C'est au moyen de l'imprégnation de l'épithélium par le chlorure d'or, lequel a la propriété de colorer le cylindre axe en violet plus ou moins foncé, que l'histologiste allemand a

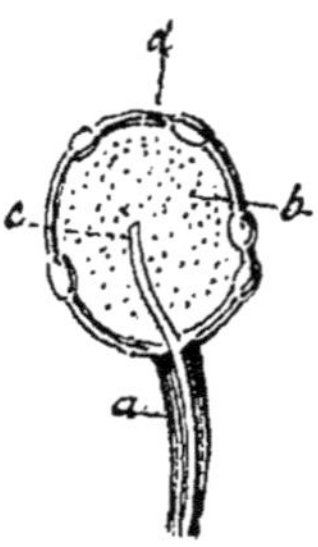

Fig. 26. Corpuscule de Kraüse, d'après Ch. Legros *(in Anat. chirurgic.* de A. Richet).

a, tube nerveux; — *b*, bulbe central du corpuscule; — *c*, terminaison du cylindre-axe; — *d*, enveloppe du corpuscule.

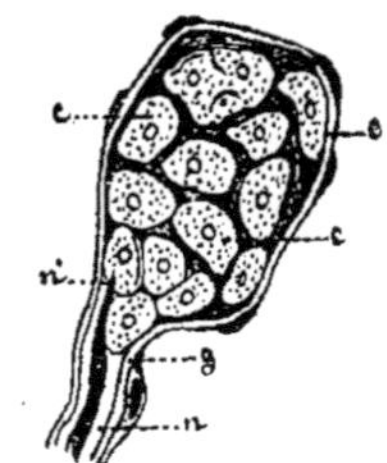

Fig. 27. Corpuscule de Kraüse d'après Frey *(Traité d'histologie)*.

n, nerf; — *g*, gaine du nerf; — *n'*, terminaison visible du nerf; — *e*, enveloppe du corpuscule; — *c*, cellules du corpuscule.

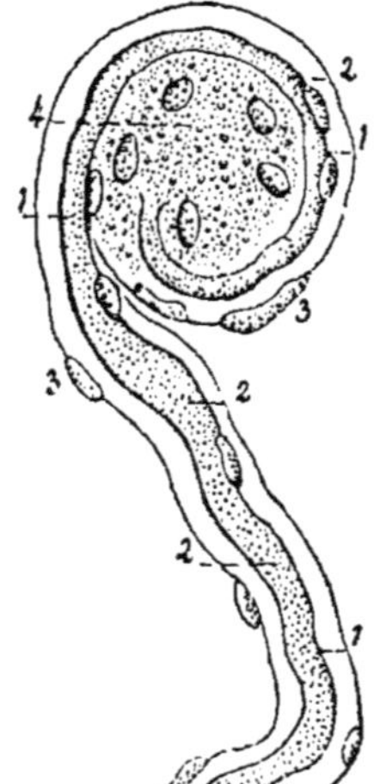

Fig. 28. Corpuscule de Kraüse pris dans la conjonctive, d'après Rouget.

1, 1, 1, tube nerveux dont la partie terminale s'enroule autour de la substance granulée centrale 4; — 2, 2, 2, substance médullaire du tube nerveux; — 3, 3, 3, noyaux de la gaine de Schwann.

constaté dans cet épithélium des cylindres axes nus se terminant par des ramifications libres entre deux cellules aplaties à noyau. Les faits constatés par Conheim, accueillis d'abord avec incrédulité, furent ensuite vérifiés par Languerhans dans la peau, par Boldirew dans la muqueuse du larynx et Chronzewsky a retrouvé des terminaisons semblables dans la muqueuse vaginale.

Il y a donc dans la peau plusieurs espèces de terminaisons nerveuses et cette membrane doit être le siège de plusieurs espèces de sensations distinctes, c'est-à-dire d'au moins trois, qu'on peut sans doute rattacher aux trois espèces de terminaisons nerveuses. Nous voulons parler de la *sensibilité à la chaleur*, de la *sensibilité au contact* et de la *sensibilité au poids*.

Lorsque, les yeux fermés, on promène la main sur une pièce de monnaie placée sur une table, il est facile de se rendre compte des sensations différentes successivement perçues ; d'abord, et c'est le fait le plus saillant, il y a une sensation de *contact* produite par l'effigie. Si la pièce est posée sur la main, le *poids* sera apprécié ; si enfin la pièce est chauffée, l'augmentation de *température* pourra être perçue. Il y a donc très incontestablement trois espèces de sensations à la surface de la peau, et ces sensations ne se confondent pas entre elles. (Contact, poids, température).

Commençons par la *sensation de température*, ou *thermesthésie*.

Cette sensation peut être observée sur nous-mêmes par des remarques familières, et ce sont ces remarques que les physiologistes ont fait ressortir en les analysant. Weber, en particulier, a pratiqué sur lui-même une série d'expériences à ce sujet.

Comme exemple d'appréciation vulgaire de température, nous pouvons citer l'action de plonger la main dans un bain chaud pour se rendre compte de son degré de chaleur.

Le médecin, en l'absence de thermomètre, a souvent l'habitude d'explorer avec la main la température d'une région.

La sensation thermique n'existe qu'au niveau de la peau et de certaines muqueuses comme la muqueuse buccale et linguale; les muqueuses profondes comme celle de l'œsophage ne possèdent pas cette notion. Ainsi lorsqu'on absorbe un potage trop chaud, l'impression de chaleur est bien perçue sur la langue, mais, au moment où se fait la déglutition, l'impression n'est plus qu'une impression douloureuse presque analogue à celle qui sera ressentie lorsqu'on avalera une bouchée de pain trop dur ou un corps trop volumineux et qui aurait peine à passer.

Weber a montré combien peut être délicate la sensation de température au niveau de la peau. Le doigt perçoit jusqu'à des différences de un cinquième de degré, de telle sorte que deux verres d'eau, l'un à 40°, l'autre au 40° 1/5, peuvent être distingués. Mais cette appréciation délicate n'est possible que si on ne s'éloigne que peu de la température moyenne de la peau. Si l'on arrive en effet à 80 ou à 100 degrés, il se produit une sensation de brûlure, et l'appréciation de la température en peut être effectuée; il faut donc pour ces expériences que la température oscille de 35 à 37°, chiffre de la température cutanée moyenne. Du reste, la thermesthésie varie suivant les régions. Le doigt est une région privilégiée; la partie palmaire de la main n'est pas aussi sensible à la température que la partie dorsale. C'est toujours avec le dos de la main que le médecin interroge la chaleur d'une région. Lorsqu'on veut savoir s'il pleut au dehors, c'est le dos de la main qu'on présentera à l'action réfrigérante des fines gouttelettes de pluie.

Il y a des régions, qui, sous le rapport de la thermesthésie, jouissent d'une délicatesse plus grande encore que la main : les paupières, par exemple. Lorsqu'on veut apprécier sans le secours du thermomètre la température des œufs qu'on soumet à l'incubation artificielle, on a coutume de se les appliquer sur les paupières, et c'est aussi par ce procédé que les gens de la campagne reconnaissent si un œuf est fraîchement pondu, c'est-à-dire, s'il n'est pas encore refroidi après sa ponte.

Une autre région très sensible à la chaleur, est la peau de la joue. On connaît le geste familier aux repasseuses qui portent leur fer chaud près de leur visage pour en apprécier la température.

La différence de sensibilité de ces diverses parties de la peau paraît tenir à la faible épaisseur de la couche cornée de l'épiderme. La couche de Malpighi est partout la même, mais la couche cornée varie, et partout où elle est fine la sensibilité thermique est plus exquise ; à la paume des mains et à la plante des pieds, où la couche cornée est très épaisse, la sensibilité à la chaleur est bien moins délicate.

Mais dans quelque région qu'elle se fasse, cette appréciation de température ne peut jamais donner des estimations absolues, elle ne peut nous donner que des sensations différentielles. C'est que probablement nous n'apprécions la température qu'en vertu des échanges de calorique qui se font entre le corps touché et l'organe sensible.

Il n'en est pas moins établi que la thermesthésie est un sens distinct possédant probablement des organes terminaux spéciaux que nous préciserons dans un instant ; ce sens est susceptible de s'hypéresthésier et peut disparaître ou être conservé indépendamment des autres sens du toucher.

En effet, le nerf lui-même n'est pas très sensible à la chaleur, si celle-ci n'agit pas par l'intermédiaire des ramifications terminales : la chaleur appliquée directement sur le nerf peut n'être suivie d'aucun effet ou bien produire une toute autre impression qu'une impression de température. C'est ce que nous avons vu précédemment pour la grenouille près du nerf sciatique de laquelle on approche un fer chaud ou l'extrémité rougie du thermocautère. La chaleur n'excite le nerf que par l'intermédiaire de la peau. On pourrait dire que, dans ce cas, il n'est pas prouvé que la grenouille ne perçoit pas de la chaleur par l'excitation directe du nerf, que c'est un animal qui n'est probablement pas très bien doué sous le rapport de la thermesthésie et par conséquent qu'il est peu propre à ces expériences. Mais expérimentons sur nous-mêmes. Mettons notre coude fléchi et à nu dans un seau d'eau froide. Au bout de quelques minutes d'immersion le froid a pu traverser la peau et arriver au nerf cubital logé dans la gouttière épitrochléo-olécrânienne ; si ce nerf était directement excitable par le froid, celui-ci serait ressenti au petit doigt, or, ce n'est nullement une sensation de ce genre que nous y éprouvons, c'est seulement une impression douloureuse.

Nous en concluons que le sens de la température doit avoir à son service des organes terminaux chargés de recevoir les impressions de chaleur et nous croyons que ce sont aux fines ramifications nerveuses, se distribuant à l'épiderme, qu'est dévolu ce rôle. Nous verrons bientôt, en effet, que les corpuscules de Pacini servent à la pression et les corpuscules de Meissner au tact ; il ne reste donc plus que les terminaisons intraépidermiques pour en faire le siège de la sensation de température. La thermesthésie doit en conséquence résider dans les ramifications nerveuses de la couche de Malpighi ; plus la couche cornée sera épaisse, moins cette sensation sera développée et *vice versa*, et c'est ce que nous avons vu en effet.

D'un autre côté, nous savons que ce qui fait qu'un sens est spécial c'est que dans certains états pathologiques on peut observer son exagération. Or, des hyperesthésies du sens thermique se rencontrent souvent chez les hystériques. M. Azam (de Bordeaux) relate le cas d'une jeune personne qui, les yeux bandés, avait la notion de l'existence d'une main placée à 3 ou 4 décimètres derrière elle.

Une telle sensibilité paraît presque incroyable, car on ne se figure pas d'instruments thermométriques aussi délicats. Cependant, Walferdin, lorsqu'il s'était associé avec Cl. Bernard pour des expériences sur la chaleur animale, avait construit des thermomètres à maxima et à minima, d'une sensibilité extrême. Un de ces thermomètres accusait, par une oscillation de son niveau, l'entrée d'une personne dans un appartement.

L'hystérique de M. Azam était comparable à ce thermomètre ; elle pouvait compter, en effet, le nombre des personnes qui l'entouraient.

Beaucoup de faits miraculeux, de somnambulisme ou de divination doivent être rattachés à des hyperesthésies de ce genre.

La sensibilité à la température peut être conservée quand toutes les autres sensibilités ont disparu. L'ataxie locomotrice, par exemple, éteint principalement toute espèce de sensibilité dans les membres postérieurs. Le malade est obligé de tenir les yeux fixés sur ses membres pendant la marche, et si, lorsqu'il est couché, on lui croise ses membres inférieurs l'un sur l'autre, il ne s'en aperçoit pas, ou plutôt il finit par s'en apercevoir par la sensation de chaleur ressentie à l'endroit de ce croisement.

Cet exemple de la conservation de la thermesthésie est assez frappant et nous semble démontrer que c'est là un sens spécial.

Enfin, dans certains cas, la thermesthésie se manifeste sous la forme de sensations subjectives, c'est-à-dire sans causes extérieures réelles et dépendant uniquement d'un travail pathologique central. Nous citerons les bouffées de chaleur accusées dans certaines maladies.

Il faut remarquer que, dans la fièvre, les sensations de température éprouvées par le malade sont réelles et correspondent à des modifications dans la distribution du sang. En effet, le sang reflue de la périphérie vers les organes internes et le malade a réellement froid à la surface, à la périphérie. Cette sensation est *objective*[1].

Chez les ataxiques et dans toutes les maladies nerveuses, aucune modification dans la circulation du sang ne légitime les sensations de température éprouvées par les malades. Elles sont, chez eux, purement *subjectives*.

Tout milite donc pour l'admission d'un sens de température comme sens spécial.

Nous allons maintenant aborder le *sens du contact* ou du *toucher* proprement dit.

Si, avec un compas de forme quelconque, vous touchez par exemple l'extrémité du petit doigt d'une personne, celle-ci, les yeux fermés, *sentira et localisera* l'impression

[1] On peut comparer le sang en circulation dans les vaisseaux à l'eau chaude qui circule dans les tuyaux dont on se sert pour chauffer les serres. Lorsqu'une partie du corps reçoit plus de chaleur, c'est qu'elle reçoit plus de sang; de même un compartiment d'une serre aura une température plus élevée qu'un autre compartiment dans lequel on aura diminué le débit d'eau chaude.

reçue. C'est là l'essence du phénomène. Pour vous rendre compte d'une façon plus précise de la localisation, écartez les deux pointes du compas. La personne en expérience pourra peut-être accuser deux impressions, mais le plus souvent, si les pointes sont très rapprochées, elle ne sentira qu'un contact, alors qu'il y en a réellement deux, et il faudra le plus ordinairement que les pointes soient assez distantes l'une de l'autre pour qu'elles soient perçues distinctement.

C'est en se basant sur ces données que Weber a construit un compas auquel il a donné le nom d'*esthésiomètre*, parce que, par le degré d'écartement des pointes, cet instrument mesure la finesse du toucher des diverses régions de la peau.

A l'aide de cet instrument, on constate que sur la ligne médiane du dos, il faut un écartement de 5 à 6 cent. pour que les deux pointes du compas soient perçues séparément, tandis qu'à l'avant-bras il ne faut que 3 cent. 1|2 à 4 cent. Sur le dos de la main, 4 millim.; à la paume, 3 millim., et à la pulpe digitale, 2 millim. seulement sont suffisants.

Il existe un organe qui perçoit l'écartement à une distance encore moindre, c'est la pointe de la langue, où il suffit de 1 millimètre.

Les surfaces cutanées ont leur minimum de sensibilité tactile dans le tronc, et cette sensibilité est d'autant plus obtuse qu'on s'éloigne de la périphérie des membres pour remonter à leur racine.

On peut facilement, à ce propos, réaliser sur soi-même l'expérience suivante. En mettant au niveau du coude les deux pointes du compas écartées de 3 cent. et en faisant descendre lentement ces pointes vers la main, elles deviendront de plus en plus distinctes; il semblera qu'elles s'écartent progressivement, alors qu'en haut on n'en aura senti qu'une seule. Cette illusion s'explique par ce fait que l'écartement des pointes paraît d'autant plus considérable que la région cutanée est plus capable d'en faire l'appréciation.

On constatera encore la même chose si on fait cheminer sur la joue les deux pointes du compas : il semblera que de la région de l'oreille vers les commissures des lèvres, les deux branches dessinent un angle dont l'ouverture est aux lèvres et le sommet à l'oreille.

L'esthésiomètre de Weber nous donne donc des informations précises sur les différences de sensibilité au contact des diverses régions de la peau.

On peut observer les mêmes phénomènes sous une autre forme.

En mettant la pointe du compas sur certaines régions, au bras, par exemple, on cherche quel est l'endroit voisin dans lequel l'autre pointe n'est pas sentie, en un mot quel est l'écartement nécessaire pour qu'il n'y ait qu'une unique sensation. On arrive ainsi à déterminer un territoire de forme circulaire dans l'intérieur duquel les deux pointes du compas au lieu de donner une sensation double en donne une simple. On a appelé cette région *cercle de sensation*.

Ce cercle est très étendu à la région dorsale.

A l'avant-bras, il forme une ellipse dont le grand axe est parallèle à celui du membre ; en effet, les pointes sont perçues distinctement dans le sens transversal par un moindre écartement que dans le sens vertical.

Sur un membre œdématié, les cercles de sensation sont très élargis ; inversement, dans un endroit de la peau où une cicatrice linéaire aura été produite à la suite de la perte d'un lambeau, les pointes sont facilement perçues de chaque côté des deux lèvres de la cicatrice linéaire, parce que dans ce cas, le cercle de sensation a été restreint [1].

Il s'agit de se demander ce que c'est que le *cercle de sensation* et à quoi il correspond.

On a émis l'hypothèse qu'il correspondait au territoire d'une fibre nerveuse qui le desservirait spécialement en limitant sa distribution dans le cercle même. Cela peut se concevoir, en effet, *a priori*, mais ce qui porte à rejeter tout d'abord cette supposition, c'est ce fait qu'un cercle quelconque de sensation varie d'étendue sur une même personne, suivant qu'elle est distraite ou attentionnée. Lorsque, par exemple, l'esprit est occupé quelque part, le cercle de l'avant-bras, au lieu d'avoir trois centimètres de diamètre, en mesure jusqu'à 7 et 8 ; si, au contraire, toute préoccupation est laissée de côté, le cercle peut même devenir plus petit qu'à la paume de la main.

[1] L'existence de ces cercles de sensation nous fournit l'explication d'une expérience remarquable. Lorsqu'on applique à la peau un tuyau métallique, à bords triangulaires ou carrés, on n'arrive pas facilement à reconnaître la forme de ce tuyau. On reconnaît d'autant mieux cette forme que les cercles de sensation sont plus petits, et dans ce cas on peut beaucoup diminuer le diamètre du tuyau. Mais sur les régions cutanées à sensibilité obtuse, la sensation reste toujours la même, quelle que soit la forme du tuyau, tant que le diamètre de celui-ci ne dépasse point considérablement le diamètre d'un cercle de sensation. En effet, lorsque tous les points du bord des tuyaux se trouvent à l'intérieur d'un même cercle sensitif, ils se confondent en un seul point. Nous ne pouvons pas distinguer sur le bras un tuyau triangulaire, circulaire ou carré, lorsque son diamètre ne dépasse pas deux centimètres, tandis que nous les différencions très facilement avec la paume de la main. On distingue encore moins facilement des corps à forme plus compliquée. Chacun peut se convaincre combien il est facile de reconnaître une lettre, et même des mots, que l'on trace sur la paume de la main à l'aide d'un stylet, pourvu que ces lettres aient une grandeur moyenne. Sur le bras, l'expérience rencontre déjà des difficultés, et, au dos, l'on ne reconnaît plus que de très grandes lettres, Dans ce cas, du reste, la distinction devient plus facile que lorsqu'on appose à la peau une figure toute faite, car l'attention a le temps de se porter successivement sur chaque point de la figure tracée. Toujours faut-il cependant que, pour être reconnue, une lettre s'étende sur plusieurs cercles de sensation. (Bernstein.)

Donc si le cercle correspondait au territoire d'une fibre nerveuse, on ne comprendrait pas que la valeur de ce territoire pût être modifiée par l'attention ou par l'exercice avec lequel on arrive également à restreindre son étendue.

Mais voici un autre fait encore plus intéressant qui a été bien expliqué par Bernstein. Qu'on détermine sur l'avant-bras, au-dessous du pli du coude, deux cercles de sensations contigus (soit les deux ellipses de la fig. 29.

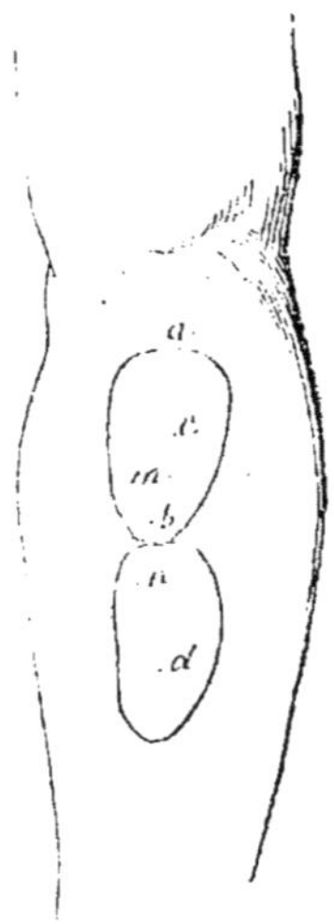

Fig. 29. Deux cercles de sensation contigus sur l'avant-bras, d'après Bernstein.

car, nous l'avons dit, ces cercles sont allongés de haut en bas dans cette région.) Si ces deux cercles correspondaient réellement à deux fibres nerveuses spéciales et distinctes, il faudrait que les deux pointes du compas appliquées l'une au point *c* l'autre au point *d* (points qui appartiennent l'un et l'autre à deux cercles différents voisins) donnassent une sensation double ; de même pour les points plus rapprochés *m* et *n*. Or il n'en est rien : l'attouchement des points *c* et *d* et des points *m* et *n* donne une sensation simple absolument comme pour les points *a* et *b* ou *c* et *b* ou *c m* ou *n d* d'un même cercle de sensation. — Quelle explication faut-il donc donner à tous ces faits? — Si l'on admet que le territoire de distribution d'une fibre nerveuse est plus petit que le cercle de sensation, de telle sorte que ce cercle soit composé d'un certain nombre de *champs nerveux*, on comprendra facilement que pour qu'une sensation soit double il soit nécessaire qu'un certain nombre de champs nerveux (au moins un) soit interposé entre les deux champs nerveux excités par les pointes du compas.

De même, en effet, que pour que deux objets soient comparés et par conséquent perçus séparément, il est nécessaire que quelque chose les sépare (c'est ainsi que, pour que deux lignes soient distinctes, il faut qu'il existe un espace entre elles), de même, pour que deux pointes soient senties à la surface cutanée, il faut qu'elles soient séparées par un champ nerveux interposé, ou, en d'autres termes, que deux champs nerveux excités soient séparés par un ou plusieurs champs nerveux qui ne le sont pas [1].

En résumé, les cercles de sensations n'ont pas de valeur anatomique absolue ; il n'y a qu'un nombre plus ou moins considérable de champs nerveux qui existent effectivement, et cette substitution des champs nerveux aux cercles de sensation, due à Weber, explique bien les effets de l'attention et de l'habitude. Si le cerveau est occupé, il faudra une interposition de sept à huit champs nerveux, au contraire, si les centres nerveux épluchent,

[1] Dans la fig. 30, chaque petit hexagone représente le champ d'expansion d'une fibre nerveuse. Admettons qu'il faille douze de ces petits champs intercalaires pour obtenir une sensation double ; *a* et *b* se trouveront ainsi sur la limite de la sensation simple. Il en sera de même de *c* et de *d*, puisqu'il faut entre eux le même nombre de champs intercalaires. L'on reconnaît ainsi pourquoi, en promenant le compas sur la

pour ainsi dire. la sensation, il suffira souvent qu'il n'y en ait qu'un seul.

En nous donnant l'appréciation des distances de deux impressions, le toucher nous permet par cela même de juger de la forme des objets, et la main, par la richesse de ses papilles, sa mobilité, son pouce opposable, constitue l'instrument le plus apte à ce jugement.

L'habitude joue un grand rôle dans l'appréciation et la forme des objets. Les anciens philosophes, qui s'occupaient beaucoup des erreurs des sens, disaient qu'on ne devait pas avoir foi dans les impressions qu'ils nous donnent. C'est là trop de scepticisme; il ne s'agit, en effet, que de bien les interpréter. Nous devons à Aristote une

peau, la sensation ne se dédouble point tout à coup, car aussi longtemps qu'il existe douze champs intercalaires entre les pointes du compas, la

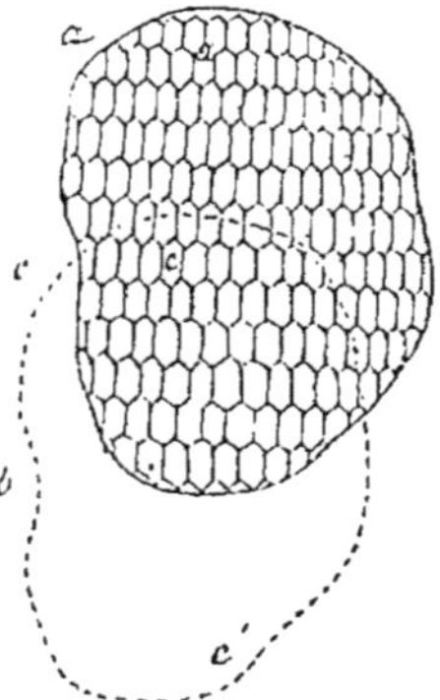

Fig. 30. Champs d'expansion nerveuse d'après Bernstein.

sensation restera simple. Il résulte encore de cette explication, qu'un cercle de sensation n'a point de limites précises sur la peau, et que l'on peut le concevoir déplacé à volonté, ainsi que l'indique la ligne ponctuée de la figure, pourvu qu'il contienne le nombre nécessaire de champs nerveux dans toutes les directions. La peau est, par conséquent, divisée par des champs d'expansion nerveuse, à peu près à la manière d'une mosaïque : chaque fibre nerveuse correspond à un petit champ de la mosaïque que nous pouvons désigner comme l'arrondissement tactile de cette fibre. (Bernstein.)

expérience qui nous rend compte d'illusions tactiles très singulières. Nous avons l'habitude de percevoir la sensation de deux corps différents lorsque les bords radial de l'index et cubital du médius sont impressionnés. Or, si après avoir senti entre l'index et le médius une petite boule unique, nous croisons ces deux doigts et roulons la boule unique entre le côté radial de l'index et le côté cubital du médius, nous éprouvons une sensation double, ou plu-

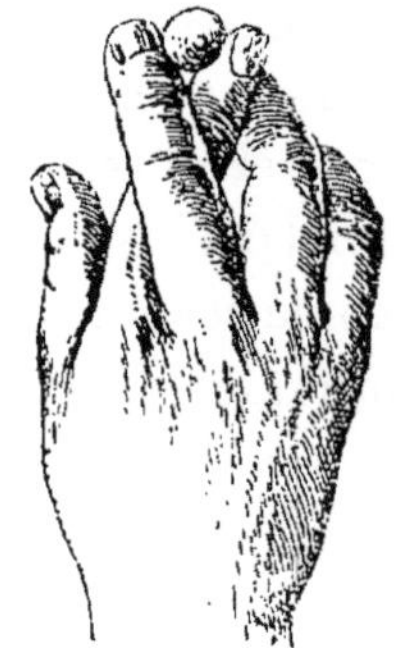

Fig. 31. Expérience d'Aristote.

tôt dédoublée par l'habitude, et nous croyons (en fermant les yeux), toucher deux boules distinctes, l'une en dehors de l'index, l'autre en dedans du médius.

Chez certains animaux le tact est très développé quoique la main n'existe pas chez eux et soit remplacée par un organe homologue abondamment pourvu de corpuscules du tact. Les singes qui s'accrochent aux branches des arbres à l'aide d'une queue prenante ont la peau de cet organe constituée d'une façon analogue à celle de la main de l'homme. La trompe de l'éléphant est même plus perfectionnée que la main humaine dans laquelle on compte dix-neuf muscles, tandis que dans la trompe de l'éléphant Cuvier en a compté trente mille.

Nous nous servons en général assez mal de notre sens

tactile, car nous possédons le sens de la vue pour le suppléer et le corriger. Par contre, les aveugles ont le tact d'une délicatesse infinie, et on sait qu'ils peuvent lire rapidement en passant le doigt sur des caractères tracés légèrement en relief.

Nous possédons un organe qu'on pourrait appeler un organe aveugle, et dans lequel la sensibilité tactile est développée au plus haut degré. C'est la langue. Par elle, tous les accidents de notre bouche nous sont connus dans leurs plus menus détails. L'existence d'un grain de sable, d'un poil très fin que le doigt serait impuissant à nous indiquer, est parfaitement reconnue par la langue. Il est d'expression vulgaire de dire qu'on connaît quelque chose « comme sa poche », on pourrait vraiment substituer à ce dicton familier cette manière de parler, à savoir : qu'on connaît quelque chose comme la langue connaît la bouche qui la renferme.

L'anatomie nous démontre que le siège du contact réside dans les corpuscules de Meissner, car plus le tact est délicat quelque part, plus les corpuscules de Meissner sont nombreux et développés, et réciproquement.

La *sensation de pression* qu'il nous reste à étudier est également indépendante des autres sensations cutanées. Elle n'est pas distribuée de la même manière. Cette sensation s'apprécie surtout lorsque le membre est immobile et repose sur un plan.

Un poids est aussi bien senti à la paume qu'à la région dorsale de la main.

En se couchant horizontalement et en déposant sur son front divers poids, on distinguera, d'après Weber, ceux qui ne diffèrent que de un trentième, de sorte qu'on reconnaîtra une pile de 29 centimes d'avec une pile de 30 centimes.

Le front est la région la plus sensible à la pression ; la paroi abdominale l'est également d'une façon remarquable : on le constate d'une façon évidente dans certains cas de maladies.

L'avant-bras est aussi bien doué que le front sous le rapport de la sensation de pression.

Quand à la sensation de pression s'ajoute la sensation musculaire, c'est-à-dire l'*action de soupeser* (voir plus loin) on peut distinguer jusqu'à un quarantième dans les différences de poids.

Les organes dans lesquels nous sommes nécessairement amenés à placer le siège des sensations de pression sont les corpuscules de Pacini.

En effet, nous trouvons ces corpuscules sur les nerfs collatéraux des doigts, puis sur les nerfs intercostaux où ils ont pour fonctions de nous faire apprécier la sensation de dilatation du thorax. On les rencontre en très grande abondance au niveau des nerfs articulaires où ils donnent la sensation des mouvements de déplacement des articulations, dans la plante du pied où, par leur présence en cet endroit, nous pouvons juger, même à travers de fortes semelles, de la nature ou de l'élasticité du sol et guider ainsi notre marche d'après les sensations perçues.

Enfin, on les trouve très fréquemment sur les nerfs du mésentère et de l'épiploon, et on connaît l'extrême sensibilité de l'abdomen à la pression.

Les corpuscules de Pacini se distinguent donc de ceux de Meissner en ce qu'ils existent non seulement dans le derme, mais aussi dans des cavités intérieures (capsules articulaires et cavité abdominale).

SIXIÈME LEÇON

DU TOUCHER (SUITE)

Prétendues sensations spéciales. — Sensibilité à la douleur. — Chatouillement. — Sens de l'électrition. — Sens génital. — Action des anesthésiques, de l'anémie, du froid, de l'aconitine sur les extrémités terminales. — Conduction des sensibilités spéciales. — Cordons postérieurs de Magendie. — Conducteurs spéciaux de Brown-Séquard. — Voies de conduction dans la moelle. — Conductibilité indifférente de Vulpian dans la substance grise. — Conduction dans les cordons postérieurs; décussation de Sappey et Mathias Duval. — Conduction dans les cordons antéro-latéraux.

Il existe certaines sensations auxquelles nous n'hésiterons pas à refuser le caractère de sensibilités spéciales, car la nature des agents extérieurs qui les produisent ne peut permettre de leur attribuer cette spécificité. Elles ne sont, en effet, que des variétés et des modalités diverses des sensibilités spéciales : telle est la *sensibilité à la douleur* qu'il serait superflu de définir. Il n'y a pas d'agent excitant particulier, producteur de la douleur : l'exagération d'une sensibilité spéciale quelconque devient apte à la produire ; c'est ainsi qu'une lumière trop vive agit sur la rétine par une impression douloureuse dans laquelle se trouve abstraite la sensation lumineuse. Il n'existe peut-être pas de douleur comparable à la photophobie de certains états pathologiques. C'est encore par la même exagération sensible qu'un son trop intense est douloureusement perçu. Les excitations thermiques poussees à l'extrême ne donnent naissance qu'à de la douleur : une barre de fer rougie et une boule de mercure à la température de 30 à 35° au-dessous de zéro, produisent, avec la même désorganisation des tissus, la même sensation douloureuse.

On peut donc dire que la douleur est constituée par une modalité dans le fonctionnement des centres, par ce fait que les agents impressionnants agissent d'une manière exagérée, violente, et apportent une perturbation dans les organes de la sensibilité. Il est vrai que quelquefois les sensations spéciales de la peau paraissent supprimées, alors que cependant certaines impressions douloureuses sont ressenties : mais, dans ces cas, les organes terminaux peuvent n'être paralysés que partiellement : le faible rayonnement d'une légère excitation peut donc passer inaperçu, tandis qu'une excitation plus intense est suivie d'une perception douloureuse.

On a appelé *algésie* la prétendue sensibilité spéciale à la douleur, *analgésie* sa suppression et, on a opposé ces deux termes à l'*esthésie* et à l'*anesthésie* (sensibilité au toucher, suppression de la sensibilité au toucher).

Nous venons de citer des cas d'anesthésies sans analgésies, c'est-à-dire des cas dans lesquels la manifestation des sensibilités spéciales disparaît alors que la douleur est conservée.

Nous allons étudier les cas plus complexes d'analgésies sans anesthésies, c'est-à-dire les cas dans lesquels il y a conservation du sens du toucher et manque d'appréciations douloureuses.

Certaines hystériques ont parfaitement conscience du passage sur la main d'une barbe de plume, et cependant elles n'éprouvent aucune sensation lorsqu'on leur traverse cette main avec une aiguille. De même, un individu soumis à l'influence du chloroforme devient insensible à la douleur, tandis qu'il conserve sa sensibilité au contact; ainsi pendant la période d'ivresse causée par le chloroforme, l'opéré accuse la sensation de l'instrument tranchant. Si l'opération est pratiquée au pourtour de l'orifice buccal, on l'entendra, par exemple, se plaindre de la gêne que lui cause « une cigarette » sur les lèvres, mais on ne l'entendra pas se plaindre de la douleur.

Ces phénomènes sont assez difficiles à expliquer, et cependant on peut s'en rendre compte en invoquant l'action des centres : les substances anesthésiques vont atteindre l'élément nerveux central et modifient son excitabilité, alors que les corpuscules terminaux du toucher conservent encore leur sensibilité.

Certains auteurs se sont, au contraire, appuyés sur ces phénomènes pour faire de la douleur une sensibilité spéciale. C'est là une question délicate et difficile à trancher.

Nous allons voir qu'une autre sensation, le *chatouillement* doit être considéré avec les mêmes restrictions que tantôt.

Lorsque, à l'aide d'une barbe de plume, on excite d'une façon intermittente et comme par soubresauts, les extrémités digitales de la plante du pied, il s'ensuivra, chez la personne ainsi chatouillée, des accès de rire et des convulsions respiratoires.

Cette sensation de chatouillement n'est qu'une *modalité* des sensibilités spéciales de la peau; elle peut encore aussi bien être produite, en effet, par des excitations intermittentes de chaleur, et elle ne correspond à aucune propriété physique spéciale des corps extérieurs, à moins, cependant qu'on ne veuille bien admettre que le chatouillement a été créé pour nous avertir de la présence d'insectes parasites sur notre épiderme.

Il faut remarquer, en outre, que le chatouillement n'existe qu'avec la conservation du tact. Sur un membre écorché, on ne l'observe pas, et il semble prouvé en clinique (malgré ce qu'on a pu prétendre), que le chatouillement disparaît toutes les fois qu'il y a perte de la sensibilité tactile.

On a argué que, dans les illusions éprouvées par les amputés, il y avait sensation de chatouillement dans la partie absente du membre ; mais nous savons bien que les amputés ou les ataxiques éprouvent des sensations qu'ils comparent à des modalités diverses (piqûres, déchirures faites par des chiens, etc.), et nous n'irons pas pour cela admettre une sensibilité spéciale pour la piqûre ou la déchirure par les chiens, pas plus que pour le chatouillement dont ces malades peuvent accuser la sensation.

On pourrait dire que le chatouillement, par la forme intermittente, irrégulière, inattendue, selon laquelle il excite les terminaisons nerveuses, est le *calembourg* du sens du toucher. Car, de même que le jeu de mots surprend le cours du raisonnement, par la production de quelque association d'idée intercurrente qui éclate inopinément et provoque le rire, de même, le chatouillement surprend le sens du toucher et amène pareillement des rires convulsifs.

Le chatouillement n'est donc, en somme, qu'une modalité de l'excitabilité ordinaire de la peau sur certaines régions de laquelle il peut être produit d'une façon plus ou moins intense.

La plante des pieds, les orifices naturels sont les régions les plus excitables au chatouillement. Ajoutons les effets spéciaux de vomiturition, produits par la titillation de la luette.

Une autre prétendue sensation, qui a été surtout soutenue par des esprits philosophiques, comme Auguste Comte, est le sens dit *sens de l'électrition*.

Assurément, les personnes qui ont tenu à la main des réophores, connaissent la sensation particulière qu'on éprouve pendant le passage d'un courant électrique; mais s'il y a là un sens spécial, combien est-il d'individus dont il serait complètement ignoré !

Peut-être est-ce sur la sensation de malaises éprouvés à l'approche des orages qu'on s'est fondé pour admettre le sens de l'électrition, et c'est de là, sans doute, que provient l'opinion d'Auguste Comte.

Il est vrai que certains articulés paraissent avoir la sensation de l'électricité.

D'un autre côté, Duchenne (de Boulogne) cite des cas où le malade ayant perdu toute excitation de la peau à la chaleur, au tact, à la pression, avait conservé la sensibilité à l'électricité.

Mais il faut remarquer que l'électricité est l'excitant le plus puissant de tous, c'est-à-dire qu'elle peut réveiller l'excitation du nerf insensible à toutes autres excitations, de sorte que tous ces faits ne sauraient, en somme, nous faire admettre le sens de l'électrition comme un sens spécial. Nous ferons, en outre, à propos des ataxiques, qui accusent des sensations de décharges électriques, le même raisonnement que nous avons fait relativement aux sensations subjectives dites de chatouillement et de morsures par les chiens.

Quant au sens génital, qui a été tout d'abord énoncé par Buffon et admis plus tard par Gerdy, nous nous réservons de le discuter dans les dernières leçons de ce cours (leçons sur la génération).

Avant de quitter la sensibilité de la peau, nous devons étudier dans quelles conditions est mise en jeu l'excitation des organes périphériques.

Comme règle générale, nous pouvons poser que les agents anesthésiques n'agissent pas sur les terminaisons nerveuses cutanées, mais seulement sur les organes centraux, et qu'ainsi la condition nécessaire à leur effet est d'être absorbés et portés jusqu'à l'élément nerveux central.

Par contre, certains facteurs peuvent modifier l'action des corpuscules terminaux en troublant leurs actes de nutrition, en les mettant, de cette façon, dans les conditions d'un animal hibernant : nous voulons parler de l'anémie et du refroidissement.

On sait que l'application de la bande d'Esmarch, en refoulant le sang de la périphérie au centre, permet, par l'anémie ainsi produite sur un membre, de pratiquer sur celui-ci une opération sans hémorrhagie et sans douleur. En supprimant l'afflux sanguin dans le membre, on a supprimé, en effet, l'influx nerveux, et, par là, les conditions physiques du nerf ont été momentanément détruites.

D'un autre côté, le froid paralyse les organes terminaux des nerfs. Il est d'observation vulgaire, en effet, que, par son action, les membres s'engourdissent : on ne sent plus leurs extrémités. Larrey rapporte qu'après la bataille d'Eylau, par un froid de 15 à 20 degrés au-dessous de zéro, il a pu pratiquer, sans douleur, une série d'amputations.

L'anesthésie qu'on obtient en dirigeant sur une partie à opérer un jet d'éther ou de chloroforme pulvérisé est le résultat du froid qu'on détermine par ce procédé.

Nous sommes donc amenés à reconnaître qu'il n'existe pas d'autres anesthésiques locaux que l'anémie et le froid, et il faut remarquer que ce dernier n'agit que par l'anémie, qui est la conséquence de son application.

Quelques substances anesthésiques, injectées sous la peau, agissent d'une façon analogue. C'est ainsi qu'à l'endroit où a été pratiquée une injection d'aconitine, existe une zone anesthésiée qui est exsangue. L'aconitine produit ici l'effet anémiant de la bande d'Esmarch.

Des considérations qui précèdent, on peut, sans doute, inférer qu'un cataplasme laudanisé n'agit pas par le laudanum qu'il contient, mais seulement en vertu des conditions de chaleur et d'humidité qu'il développe à l'endroit où il est appliqué.

Il nous reste à examiner une dernière question, à savoir comment les impressions de sensibilité, après avoir suivi les nerfs, arrivent dans les centres médullaires, et comment elles y sont conduites jusqu'au cerveau ; c'est là une question plus délicate qu'on ne serait tenté *a priori* de le supposer.

De très nombreuses expériences ont été entreprises à ce sujet, la plupart sont contradictoires et difficiles à concilier entre elles, et nous en ferons ici surtout un exposé historique, sans donner de solution définitive.

Lorsque Magendie eut pratiqué ses expériences sur les racines postérieures, comme celles-ci paraissaient se jeter dans les cordons postérieurs, il émit l'opinion que ces derniers étaient les conducteurs de la sensibilité.

Mais comment cette sensibilité passe-t-elle? Y a-t-il entrecroisement, voies particulières de conductions?

Longet et Brown-Séquard particulièrement, ont entrepris des recherches à ce sujet.

Ce dernier physiologiste a admis, à une certaine époque, un conducteur spécial pour chaque sensibilité; il comprenait dans la moelle des conducteurs spéciaux pour la chaleur, le contact, la pression, la douleur, le chatouillement, le sens musculaire.

En outre, les recherches de M. Brown-Séquard lui ayant fait découvrir que chez des animaux ayant subi certaines vivisections préparatoires (sections de la moelle, du sciatique), la moindre excitation sur une certaine zone (zone épileptogène) produisait des accidents épileptiformes, il a été conduit à admettre un septième conducteur pour l'épilepsie, c'est-à-dire pour des excitations arrivant à déterminer une attaque épileptiforme.

Or, les cordons postérieurs et les cordons latéraux de la moelle dans lesquels M. Brown-Séquard a placé ces conducteurs ne paraissent pas assez étendus pour contenir le grand nombre de conducteurs que comporte cette hypothèse; c'est ce que des travaux allemands ont démontré par le compte du nombre des cylindres axes étudiés sur des coupes de cordons. D'ailleurs, M. Brown-Séquard paraît avoir récemment abandonné sa théorie.

Quoi qu'il en soit, des recherches subséquentes ont amené leurs auteurs à des résultats diamétralement opposés à ceux du professeur du Collège de France.

Nous allons les passer rapidement en revue et voir quels sont les faits qui permettent de suivre jusqu'au cerveau les voies de conduction de la sensation.

M. Vulpian a prouvé tout d'abord que la section des cordons postérieurs ou latéraux ne détruit aucunement la conduction sensible, et que la *substance grise* de la moelle pouvait y suffire. Les nombreuses expériences que ce physiologiste a fait sur ce sujet et qu'il a varié de mille manières laissent ce fait hors de doute, à savoir que la substance grise est la substance de conduction des impressions sensitives. Il est arrivé ensuite à des résultats plus particuliers : ainsi, il a pu couper la moelle dans toute son étendue, en conservant seulement un petit pont d'axe gris dans le sens longitudinal, et, un autre, dans le sens transversal et constater que les sensations de douleur, de toucher, de chaleur sont encore ressenties. M. Vulpian a conclu de ses expériences qu'il n'existe pas dans la moelle de conducteurs préétablis, de voies spéciales pour la conduction de chacune des espèces de sensation, et que, pourvu qu'il existe un petit pont de substance grise, le passage de la conduction demeure conservé.

C'est la théorie de la *conductibilité indifférente*, à laquelle aujourd'hui se rattachent la plupart des physiologistes et des cliniciens. Cette théorie n'admet donc que la spécialité du courant conduit, et non pas celle du conducteur ; elle n'accorde que la *modalité* dans la conduction,

Une comparaison la fera bien saisir. Une poutre peut conduire à l'oreille qui s'y applique soit le son de la voix, d'un choc, d'un bruit quelconque, et même de tout un morceau de musique, et ce sera, dans tous les cas, la même poutre. Il doit en être de même pour les conducteurs nerveux centraux (médullaires) ; le mode de vibration doit seul changer.

Mais cette théorie ne doit pas être poussée trop loin. En effet, si dans la substance de la moelle la conductibilité est réellement indifférente, elle paraît se différencier dans les cordons postérieurs et antéro-latéraux en se localisant plus haut à la partie inférieure du bulbe.

Les *cordons postérieurs*, qui, lorsqu'ils sont excités même très légèrement, donnent lieu de la part de l'animal à des réactions générales, à des cris de douleurs et à des réflexes énergiques, doivent être considérés, d'après les résultats obtenus par Turk, Charcot, Vulpian, Bouchard, comme des fibres longitudinales commissurales, reliant, par un trajet en axe, les divers étages de l'axe gris de la moelle. Cependant, si on considère que la section transversale de la moelle opérée en respectant les cordons postérieurs, fait perdre, il est vrai, à l'animal toute sensibilité à la douleur, mais ne lui enlève pas la sensibilité tactile (expérience de Schiff), il faut admettre que ces cordons possèdent, outre leurs fibres commissurales en anse, des fibres conductrices de la sensibilité tactile, et l'anatomie nous l'indique. En effet, dans des travaux poursuivis en collaboration avec M. le professeur Sappey, nous avons démontré qu'au niveau du collet du bulbe les cordons postérieurs s'entrecroisent, et qu'après cet entrecroisement, les faisceaux sensitifs viennent se placer sur la partie postéro-externe des régions motrices des pyramides bulbaires. Cette disposition se poursuit dans les pédoncules cérébraux et dans l'expansion cérébrale de ces pédoncules, c'est-à-dire dans la capsule interne, de telle sorte que la capsule interne présente une partie antérieure motrice (région lenticulo-striée) et une partie postérieure sensitive (région lenticulo-optique). Une lésion produit, dans la partie antérieure, une hémiplégie, et dans la partie postérieure une hémianesthésie. (Voici un chien qui a reçu une hémorrhagie dans la partie postérieure de la capsule interne, et qui présente manifestement une hémianesthésie du côté opposé à la lésion.)

Les *cordons antéro-latéraux* servent surtout à conduire les ordres de la volonté : ils font communiquer les centres encéphaliques avec la substance grise de la moelle. Mais les expériences de vivisection, d'une part, et, d'autre part, l'étude des dégénérescences, succédant à une section transversale de cordons, nous montre qu'ils possèdent en outre des fibres centripètes ou sensitives et des fibres commissurales qui remplissent vis-à-vis des parties grises des cornes antérieures le rôle des cordons postérieurs vis-à-vis des parties grises postérieures. C'est dans la partie postérieure des cordons antéro-latéraux, près de la substance grise des cornes postérieures et jusque au-dessus du niveau de la moelle, qu'existent ces fibres centripètes se continuant jusqu'aux centres encéphaliques.

SEPTIÈME LEÇON

DU TOUCHER (SUITE)

Sensibilité des parties extracutanées : dents; poils; moustache du chat; poils de la chauve-souris. — Sensibilité des parties intracutanées : séreuses; os; moelle osseuse; cartilages; ligaments; tendons; muscles. — Sens musculaire. — Action de palper, de soupeser. — Réflexes tendineux.

Nous avons terminé l'étude des sensibilités spéciales du toucher, il nous reste à examiner la sensibilité des parties situées, pour ainsi dire, en dehors et en dedans de la peau.

Nous nous occuperons d'abord des appendices de l'épiderme : dents, poils.

Les poils et les dents constituent des tissus annexés à la peau et à la muqueuse, mais ne renferment pas de nerfs si ce n'est dans leurs parties centrales (pulpe dentaire) ou radiculaires (racines des poils). Nous savons que les dents sont sensibles à la température, mais elles perçoivent aussi la sensation des contacts : un grain de sable.

un fil sont appréciés par elles quant à la dimension et à la résistance.

Les poils sont également dépourvus de nerfs et cependant nous sentons s'il sont touchés et mus dans le sens de leur direction ou à *rebrousse poil.*

Pourquoi donc ces *phanères* (comme les appelait de Blainville) sont-ils ainsi sensibles malgré qu'ils soient dépourvus d'éléments nerveux? C'est parce que, à leur base, existent des nerfs auxquels ils transmettent les vibrations éprouvées.

A la racine du poil, en effet, est un bulbe nerveux qui reçoit les moindres ébranlements communiqués, de sorte que cet organe est comparable au bâton d'un aveugle, au moyen duquel celui-ci peut juger de la nature et des obstacles du sol.

La même chose se produit pour les dents. De même qu'à travers l'épaisse semelle d'une chaussure on distinguera le choc produit par un corps ligneux ou par un corps métallique en même temps que la direction et, jusqu'à un certain point, la force de ce choc, de même à la pulpe dentaire, organe sensible, arriveront les impressions portées sur la dent (émail et ivoire), organe insensible.

Cette sensibilité des parties extérieures de la peau arrive chez certains animaux à un degré de délicatesse extrême.

A la base des longs poils de la moustache du chat, le microscope nous fait découvrir un bulbe en forme de massue à riche plexus nervoso-sanguin; la présence de ces nerfs fait du poil correspondant un véritable organe tactile tout particulier; en effet, si dans l'obscurité on place un chat au milieu d'une table recouverte d'objets fragiles, l'animal évitera tous les obstacles sans rien casser. Il est vrai que cet animal y voit pour peu que l'obscurité ne soit pas absolue, mais un observateur anglais a constaté que, même après avoir eu les yeux crevés, il se dirige aussi adroitement. Par contre, si on lui a coupé sa moustache, alors l'animal ne sait plus se guider et il renverse tout sur son passage. Le chat possède donc, pour ainsi dire, à sa lèvre supérieure, comme une série de bâtons d'aveugle, selon la comparaison faite ci-dessus.

Spallanzani avait fait des expériences semblables sur la chauve-souris et, comme il avait pu constater que cet animal vole dans l'obscurité en évitant tous les obstacles (même après avoir eu les yeux crevés), il avait été ainsi conduit à admettre pour la chauve-souris l'existence d'un sixième sens. Mais l'anatomie exacte des poils, faite par Jobert, a fait voir que sur toute la surface du corps de ce cheiroptère, les poils même les plus fins sont pourvus d'un bulbe nerveux très développé, et que c'est grâce à eux que l'animal peut se diriger lorsqu'il se trouve dans l'obscurité ou qu'il a les yeux crevés. Voici sans doute comment :

On s'explique facilement comment un animal peut reconnaître si c'est à rebrousse poil ou dans le sens du pelage qu'on lui passe la main sur le dos. Que ce soit la main ou le souffle du vent, il fera aussi bien la distinction de la direction. Or, pour la chauve-souris, c'est là ce qui se passe. Lorsqu'elle approche d'un obstacle, l'air, répercuté par cet obstacle, revient sur ses ailes et les impressionne dans une direction donnée; l'animal sent qu'il va se heurter à quelque chose, et il modifie en conséquence la direction de son vol. C'est donc par des sortes d'*échos d'air*, perçus par les poils que la chauve-souris a l'exacte notion des obstacles qui l'entourent.

Si la sensibilité des parties extracutanées peut ainsi

atteindre une si grande délicatesse, il n'en est pas de même pour les parties situées en dedans de la peau, dans lesquelles, en effet, la sensibilité est généralement très obtuse.

Les membranes séreuses ne donnent aucune notion sur l'agent qui les excite ; si celui-ci est très violent, il produit uniquement une action douloureuse. — Dans l'hydrocèle, lorsqu'on veut modifier la surface de la tunique vaginale par une injection de teinture d'iode, afin d'empêcher le renouvellement de l'épanchement, l'action irritante du médicament n'est que peu ou pas sentie ; il n'y a qu'une injection trop froide ou trop chaude, capable d'impressionner douloureusement cette séreuse.

Vous n'êtes pas sans avoir entendu souvent se récrier les personnes du monde au récit d'une amputation, relativement aux souffrances qu'elles supposent être éprouvées par le patient au moment où « on arrive à l'os et où on le scie ». C'est là, en effet, une croyance très répandue que l'os est très sensible. Or, il n'en est rien, les os sont peu sensibles à l'état normal : le temps le plus sensible dans une amputation est la section de la peau, et si le chirurgien a profité de l'anesthésie pour circonscrire une manchette cutanée, le reste de l'opération s'effectuera sans grandes souffrances, à part les éclairs douloureux accompagnant la section des troncs nerveux. En effet, lorsqu'on scie l'os, il ne se produit guère qu'un phénomène d'ébranlement.

La moelle osseuse n'est pas très sensible à l'état normal, mais si l'os et surtout son périoste est enflammé (ostéo-myélite), on a affaire à un des types pathologiques les plus douloureux.

Les cartilages ne possèdent aucune sensibilité ; tandis que l'os reçoit des nerfs et peut devenir sensible à l'état pathologique, le cartilage reste aussi insensible dans ce dernier état que dans l'état normal.

Les ligaments sont peu sensibles à la section et à la brûlure, mais ils paraissent posséder une certaine sensibilité à la traction et à la torsion. M. Sappey y a démontré la présence de nerfs, ce qui explique les douleurs observées dans l'entorse, quoique M. Richet les attribue, dans ce cas, aux tiraillements du périoste.

Les tendons sont insensibles à l'état normal et à l'état pathologique. C'est ce que montrent les diverses opérations de ténotomie, par exemple dans le redressement du pied-bot. Dans la section du tendon d'Achille, l'enfant ne crie que lorsqu'on entame sa peau. Dans des foyers suppurés, on trouve des bouts de tendons macérés, exfoliés, et qu'on peut couper avec des ciseaux sans avoir plus de réaction qu'après la section d'un ongle.

Le muscle n'est pas très douloureux à la section et à la cautérisation. Sur une grenouille écorchée l'application d'un cautère ne produit aucun résultat. Mais si le tissu musculaire est peu sensible à la douleur, il possède un sens particulier dont l'existence a d'abord été entrevue par des raisonnements philosophiques et qui n'est bien connu que depuis quelque temps : le *Sens musculaire*.

C'est un sens au même titre que les autres sens spéciaux, de contact, de pression, etc., que nous avons dernièrement examinés. Il nous donne la notion de l'état de contraction de nos muscles.

Ce sens a été conçu et entrevu par Ch. Bell, qui outre qu'il était physiologiste, avait aussi étudié la physiognomie : dans un livre peut-être plus connu des gens du monde et des artistes que des physiologistes, il a étudié et admiré la main, et fait la remarque qu'il doit exister un sens spécial par lequel nous avons conscience des mouvements délicats effectués par la main et les doigts, et que sans ce sens, ces mouvements ne pourraient être mesurés, qu'en un mot il faut un point de départ de régularisation des actes moteurs.

C'est donc à Ch. Bell qu'on doit pour ainsi dire l'invention du sens musculaire. L'idée en a été plus tard développée par Gerdy, qui, tout en ayant eu le tort de multiplier les sensibilités spéciales, a du moins le mérite d'avoir démontré par le raisonnement l'existence du sens musculaire.

Plusieurs auteurs ont été ses adversaires, et parmi eux, Trousseau, qui l'a vivement combattu en prétendant qu'il était bien inutile d'admettre un pareil sens et que nous avons conscience de nos mouvements par les tiraillements qui se produisent à la surface de la peau ou même dans les parties profondes, lors des actes de flexion ou d'extension, qu'ainsi la mise en jeu de la sensibilité générale de la peau suffisait à tout expliquer.

Mais l'interprétation de Trousseau ne peut être aujourd'hui acceptée en présence des faits cliniques.

On peut observer, en effet, chez des hystériques une anesthésie complète de la peau des membres inférieurs : ni piqûre, ni impression de chaleur n'est ressentie, et cependant la malade marche les yeux fermés, elle a conscience de sa contraction musculaire, des déplacements qu'elle effectue et de la résistance du sol. Chez elle une seule chose est conservée, c'est le sens musculaire.

Les expériences de Cl. Bernard sont encore plus démonstratives. L'illustre physiologiste coupe sur des oiseaux tous les nerfs cutanés des membres postérieurs : l'animal conserve néanmoins, malgré cette destruction de tous les nerfs sensibles de la peau, l'assurance de sa marche, c'est-à-dire la sensibilité de ses muscles, il peut régler l'état de leur contraction : il en a gardé la conscience. C'est là la première moitié de l'expérience. Cl. Bernard coupe ensuite les racines postérieures : les nerfs de sensibilité cutanée et de sensibilité musculaire se trouvent ainsi détruits en même temps. Les racines antérieures continuent à distribuer aux membres leurs filets nerveux moteurs intacts, et cependant les mouvements deviennent incoordonnés, il y a une sorte d'ivresse des muscles, les centres n'ont pas conscience des mouvements effectués.

Ainsi, quand on supprime la sensibilité cutanée, la conscience musculaire est conservée, et quand on supprime les racines postérieures, elle n'existe plus. Ces racines doivent donc contenir les conducteurs du sens musculaire.

Voici encore une autre expérience.

Une grenouille écorchée nagera dans l'eau avec des mouvements parfaitement coordonnés et réglés : son sens musculaire est donc conservé alors qu'elle a perdu toute espèce de sensibilité cutanée.

Le sens musculaire doit, par conséquent, être incontestablement distingué comme un sens spécial, indépendant des autres sens, et dont la disparition est suivie de l'incoordination des mouvements. Les ataxiques que vous voyez par les rues ou dans les hôpitaux, jetant violemment leurs jambes de côtés divers, et n'accomplissant un pas qu'à la condition de tenir les yeux fixés sur leurs membres inférieurs, vous en présentent un exemple frappant.

Mais le cas des ataxiques en général est assez complexe; Duchenne (de Boulogne) cite parmi eux des cas plus purs.

Tandis que certains ataxiques marchent très bien à la condition de surveiller les déplacements de leurs membres, il est d'autres malades qui, même en regardant leurs jambes, ne peuvent réaliser que des mouvements brusques, exagérés et incoordonnés.

Le sens musculaire est donc en réalité plus complexe. Les malades dont nous venons de parler ne doivent pas posséder la sensation de l'influx nerveux moteur ou, en d'autres termes, la sensation de l'innervation des muscles. Aussi, dans certains ouvrages, le mot *sens de l'innervation musculaire* ou *motrice* est employé comme synonyme de sens musculaire et de sens de l'activité musculaire[1].

[1] Wundt interprète ainsi le sens musculaire : « Le siège des sensations du mouvement, dit-il, ne paraît pas être dans les muscles eux-mêmes, mais bien dans les cellules nerveuses motrices (de la substance grise antérieure de l'axe spinal), parce que nous n'avons pas seulement les sensations d'un mouvement réellement exécuté, mais même celle d'un mouvement simplement voulu ; la sensation du mouvement paraît donc liée directement à l'innervation motrice. » Aussi Wundt lui donne-t-il le nom de *sensation d'innervation*. Cependant, il est probable que cette sensation, à laquelle nous sommes redevables de sentir le degré de contraction de nos muscles (sens de l'activité musculaire, Gerdy), est la même qui préside au sentiment de fatigue qui se produit à la suite des exercices modérés, mais très longtemps continués et qu'elle a pour siège les fibres contractées. Le sentiment de fatigue qui se développe après un violent effort semble au contraire résider principalement dans les tendons (Sappey).

Bernhardt pense, comme J. Müller, Ludwig, Bernstein, que le sens musculaire se réduit à la faculté d'apprécier exactement l'intensité de l'excitation qui part de l'encéphale pour aller provoquer le mouvement voulu. Déterminant la contraction des muscles par la faradisation, il remarqua qu'il devenait plus difficile au sujet en expérience de reconnaître la différence des poids qu'il soulevait, différence qu'il appréciait très bien lorsque la contraction se faisait sous l'influence de la volonté. Bernhardt en conclut que le sens de la force est une fonction psychique ; mais il reconnaît que les impressions sensitives nées de parties molles qui avoisinent les muscles contribuent puissamment à compléter la notion fournie par les centres volitifs. Le sens musculaire proprement dit n'existerait donc pas pour lui. C'est à un point de vue semblable que Trousseau a également nié l'existence du sens musculaire, rapportant tout à la sensibilité des parties molles déplacées par le mouvement. D'autre part, Charles Richet ayant étudié avec soin plusieurs amputés, a observé relativement aux phénomènes connus sous le nom d'*illusion des amputés* (voyez Extérioration des sensations) que, pendant les premiers jours qui suivent l'opération, les malades accusaient une sensation bizarre d'activité musculaire ; il leur semblait, par exemple, avoir

La notion du sens musculaire rend compte d'une foule de phénomènes journaliers.

La marche s'explique par l'association du sens musculaire avec les différentes sensibilités spéciales étudiées dans les dernières leçons.

Dans l'obscurité, l'action de palper nous fait reconnaître la forme d'un objet. Mais pour que cette notion soit alors acquise, il y a eu combinaison du sens du toucher avec le sens musculaire. En effet, le toucher, par les impressions qu'ont subies successivement les pulpes des doigts, nous a appris, par exemple, la forme des deux extrémités d'un objet allongé, et le sens musculaire en nous donnant la notion du déplacement de la main pour aller passer d'un point de l'objet à un autre point, c'est-à-dire la notion de l'effort de contraction accompli à cet effet, nous a fait connaître quel a été le chemin parcouru par la main d'un bout à l'autre bout et par suite la dimension de l'objet; l'action de contact nous a donné l'appréciation des délicatesses de la forme et le sens musculaire par l'appréciation du déplacement de la main a complété la notion de l'ensemble.

C'est ainsi que pour reconnaître l'effigie d'une pièce de monnaie il est nécessaire de promener sur elle la pulpe du doigt.

L'action de palper résulte donc à la fois de l'action du sens de toucher et de celle du sens musculaire, comme l'action de soupeser résulte de l'association du sens musculaire avec le sens de pression.

L'essence de certains actes réside dans le sens musculaire.

des crampes dans les orteils qui se fléchissaient brusquement, ou bien ils croyaient sentir leur pied absent se porter en bas, en haut, en dehors. Le fait est des plus importants à noter, car il vient à l'appui de la théorie qui admet l'existence de nerfs spécialement consacrés à la sensibilité musculaire. (Küss et Duval.)

Il nous serait, par exemple, impossible de tracer quelques mots dans l'obscurité si nous n'avions pas conscience du déplacement correspondant aux caractères figurés dans l'espace. — Autre exemple, vulgaire, mais explicite :

La facilité que nous avons de faire le nœud de notre cravate sans avoir besoin de nous regarder dans un miroir nous la devons au sens musculaire et si vous voulez tirer tout le parti possible de cette petite expérience vulgaire, vous remarquerez, dans ce cas, l'influence de l'habitude acquise par le sens, car lorsqu'il s'agit de faire le nœud de cravate à une autre personne, il nous faut, pour y bien réussir, après nous être placé derrière elle, passer les bras autour de son cou dans la situation où nos mains se trouvent placées quand nous voulons faire le nœud sur nous-mêmes.

Le muscle est sensible aux tractions les plus légères effectuées par l'intermédiaire de son tendon. On observe à la suite de ces tiraillements des phénomènes réflexes de contraction.

Ces phénomènes s'observent surtout pour le triceps crural.

Sur la jambe d'une personne assise, le genou à demi fléchi, donnez avec le bord cubital de la main un coup brusque sur le tendon rotulien du triceps, la jambe immédiatement se redressera, la personne fut-elle même plongée dans le sommeil. On a appelé ce phénomène : *réflexe tendineux*, le mot n'est peut-être pas heureux, car c'est le muscle qui est le point de départ de l'excitation sensible provoquant le réflexe de la contraction.

Ce phénomène a été étudié avec soin dans ces derniers temps par le professeur Charcot, qui a fait de ses variations un symptôme important dans certaines maladies nerveuses.

Si la sensibilité est exagérée comme dans le commencement de l'amyotrophie spéciale caractérisée par une dégénérescence du muscle, il y a exagération du réflexe dit tendineux.

Au contraire, chez les ataxiques où la sensibilité musculaire a disparu, le réflexe musculaire par l'intermédiaire du tendon disparaît également[1].

[1] Le réflexe dit tendineux peut être obtenu sur différents muscles. En frappant le tendon d'Achille, pendant que la jambe est en relâchement, on obtient un léger mouvement d'abaissement de la plante du pied, dû à la contraction du triceps sural. Des effets analogues peuvent être provoqués aux membres supérieurs, lorsqu'on percute, soit le tendon du triceps, soit celui du biceps et des autres muscles du bras, le bras étant soutenu à demi fléchi dans le premier cas, et la main dans une position intermédiaire à la pronation et à la supination dans le second cas. Sous l'influence de certains états pathologiques, le réflexe tendineux peut se produire sur des muscles qui n'en présentent pas de traces à l'état normal, par suite de leur disposition défavorable à l'excitation de leur tendon. M. le Dr Petitclerc s'est livré, sur ce sujet, à des recherches intéressantes pour la seméiologie des maladies spinales. Il a vu que le phénomène dit du genou manque, ainsi que le phénomène du pied, dans tous les cas de tabes dorsalis confirmés. L'absence de ce signe a une grande valeur au point de vue du diagnostic, à une époque où les symptômes du tabes n'ont point encore fait leur apparition. Elle indique une dégénérescence des cordons postérieurs s'étendant jusque dans la région lombaire. Le phénomène du genou peut exister au début de l'ataxie si les parties de la moelle correspondant à l'origine du nerf crural sont intactes. Aussi n'y a-t-il pas lieu de porter le diagnostic de tabes dorsalis d'après le fait seul de l'absence de ce phénomène; on ne pourra le porter sûrement que s'il y a déjà des douleurs lancinantes. Dans le groupe d'affections désigné sous le nom de polyomyélites antérieures aiguës ou chroniques (paralysie infantile, atrophie musculaire progressive, spinale, primitive, et autres affections de même genre caractérisées par la lésion des cornes antérieures de la substance grise de la moelle), on a noté l'atténuation, suivie plus tard de l'abolition des réflexes tendineux. Dans les affections cérébrales suivies de dégénérescence des cordons antéro-latéraux de la moelle, cette dégénérescence s'annonce par l'exaltation des réflexes tendineux et plus tard par la contracture. Cette exaltation des réflexes tendineux, dans ce cas, indique que le membre paralysé ne recouvrera pas l'intégrité de ses mouvements. Elle a été notée dans la pachyméningite cervicale hypertrophique et dans certaines

paralysies générales, mais à l'état passager, les lésions des cordons latéraux qui se sont produites dans ces cas ne tardant pas à s'étendre sur les cordons postérieurs et arrivant ainsi à faire cesser ce phénomène. La sclérose latérale symétrique primitive (paralysie spasmodique, sclérose latérale amyotrophique) s'annonce par une exaltation des réflexes tendineux et une parésie progressive, suivie bientôt de contracture prédominante des muscles extenseurs, circonstance qui donne aux malades atteints de cette affection leur démarche raide caractéristique, contrastant avec celle des ataxiques, et qui différencie également cette affection des dégénérescences secondaires de la moelle dans lesquelles la contracture porte de préférence sur les fléchisseurs. Dans la sclérose en plaques disséminées, quelque temps après l'apparition de la maladie, il se manifeste de l'exagération des réflexes tendineux, suivie dans une seconde période de contracture et de tremblement. Toutefois l'exaltation des réflexes tendineux et la contracture spasmodique n'existent pas dans la région des nerfs dont les racines postérieures auraient été atteintes par une plaque de sclérose. Dans certains cas, l'exagération des réflexes tendineux et la contracture forment, pour ainsi dire, à un moment donné, tout le tableau clinique de la sclérose en plaques (formes frustes). Dans les myélites diffuses aiguës ou chroniques, où l'on rencontre à l'autopsie des lésions fort variables, les réflexes tendineux se comportent différemment, suivant que les cordons latéraux seuls sont atteints ou que les cordons postérieurs le sont dans la région lombaire; en un mot, une lésion des cordons latéraux produit, comme partout ailleurs, l'exaltation des réflexes tendineux, et une lésion de la moelle lombaire, intéressant l'arc de ces réflexes, produit leur abolition. Dans l'hystérie, les recherches de M. Charcot l'ont conduit à reconnaître que l'exagération des réflexes tendineux existe, alors que les membres semblent être dans un état de flaccidité prononcée, et précède de plusieurs jours, même de plusieurs semaines, de plusieurs mois, le développement de la contracture hystérique, dont elle n'est en quelque sorte que le prodrome. Dans la chorée, dans l'éclampsie, d'après M. A. Berger, les réflexes tendineux seraient exagérés. Chez plusieurs choréiques, M. Petitclerc les a trouvés exagérés. D'après les mêmes observations, il n'y aurait pas d'exagération des réflexes tendineux dans la paralysie agitante. M. Petitclerc a recherché les réflexes tendineux dans le cours de la fièvre typhoïde. Dans beaucoup de cas, il a trouvé l'existence normale du phénomène du genou, mais souvent il était plutôt diminué qu'augmenté. Dans quelques cas, rares il est vrai, il a constaté son abolition complète coïncidant avec une énorme exagération de l'irritabilité mécanique et directe du muscle. Au premier rang des causes de l'abolition du phénomène du genou, M. Petitclerc croit pouvoir placer l'hyperthermie, sous l'influence de laquelle les muscles subissent une modification particulière dans leur structure, désignée sous le nom d'état moiré. Il en a été de même pour la variole. Enfin l'abolition des réflexes tendineux a été constatée dans la paraplégie diphthéritique.

De l'étude de M. Petitclerc, sur les réflexes tendineux, dont sont ici résumés analytiquement les principaux résultats, il ressort une application que l'on ne saurait négliger désormais au diagnostic et au pronostic des affections spinales. Étant donné le fait de leur abolition dans le cas de lésion des cordons postérieurs ou de la substance grise antérieure de la moelle, et celui de leur exagération dans le cas de lésion primitive ou secondaire des cordons antéro-latéraux, notamment des faisceaux pyramidaux, la recherche de ces signes doit être précieuse dans l'examen de tout malade atteint d'une affection que l'on soupçonne avoir une origine médullaire. (Voy. Petitclerc. Thèse de Paris, 1880.)

A LA MÊME LIBRAIRIE

Maladies du système nerveux. Leçons professées à la Faculté de médecine de Paris, par le professeur A. VULPIAN. Recueillies par le Dr BOURCERET, ancien interne des hôpitaux. Revues par le professeur. *Maladies de la moelle*. 1 vol. gr. in-8 compacte, de 500 pages. 16 fr.

Leçons sur l'action physiologique et pathologique des substances toxiques et médicamenteuses, par A. VULPIAN, professeur de pathologie expérimentale à la Faculté de médecine de Paris, membre de l'Institut et de l'Académie de médecine, médecin de l'Hôtel-Dieu (ouvrage rédigé et publié par le professeur.) Un vol. in-8 de 700 pages. Prix. 13 fr.

Clinique médicale de l'hôpital de la Charité, par A. VULPIAN. Considérations cliniques et observations, par le Dr RAYMOND, médecin des hôpitaux. Revues par le professeur. *Rhumatisme; — Maladies cutanées; — Scrofules; — Maladies du cœur; — de l'aorte et des artères; — de l'appareil digestif; — du foie; — de l'appareil génito-urinaire; — de l'appareil respiratoire; — Maladies générales; empoisonnements chroniques; — Syphilis; — Maladies du système nerveux*. 1 fort vol. in-8 de 950 pages. 14 fr.

Cours de Physiologie professé à la Faculté de médecine de Paris (1882-1883.)

PHYSIOLOGIE GÉNÉRALE — GÉNÉRATION — ORGANES DES SENS, par O. CADIAT, professeur agrégé de la Faculté de médecine, chargé du cours auxiliaire de physiologie, texte et dessins autographiés.

1er fascicule : *Physiologie générale*. Petit in-4. Prix. 3 fr.
2e fascicule : *La génération*. Prix. 3 fr.
3e fascicule : *Les Organes des Sens*. Prix. 3 fr.

Cours d'embryogénie comparée du collège de France. De la génération des vertébrés, par G. BALBIANI, professeur au collège de France. Recueilli et publié par M. F. Henneguy, préparateur du cours. Revu par le professeur. 1 beau vol. gr. in-8, avec 150 figures dans le texte et 6 planches chromolithographiques hors texte. Prix 15 fr.

Manuel d'histoire naturelle médicale (*Botanique et Zoologie*), par J.-L. DE LANESSAN, professeur agrégé d'histoire naturelle à la Faculté de médecine de Paris. 3 vol. in-18 jésus, formant 2,300 pages et contenant 1,700 figures dans le texte. 26 fr.

Traité de zoologie, par J.-L. DE LANESSAN, 6 vol. gr. in-8 de 350 pages chacun, avec 2,000 figures dans le texte. L'ouvrage paraît par parties séparées avec tables des matières pour chaque partie.

La 1re partie : *Les protozoaires*, 1 vol. gr. in-8 de 350 pages, avec 300 figures dans le texte, est en vente. 10 fr.

Le Transformisme. Évolution de la matière et des êtres vivants, par J.-L. DE LANESSAN. 1 fort vol. in-18 de 600 pages, avec figures dans le texte. Prix. 6 fr.

Manuel de Zootomie, guide pratique pour la dissection des animaux vertébrés et invertébrés, à l'usage des étudiants en médecine des écoles vétérinaires, et des élèves qui préparent la licence ès-sciences naturelles, par AUGUSTE MOJSISOVICS ELDEN VON MOJSVAR privat-docent de zoologie et d'anatomie comparée, à l'université de Graz. Traduit de l'allemand et annoté par J.-L. DE LANESSAN. 1 vol. in-8, d'environ 400 p. avec 128 figures dans le texte. Prix. 9 fr.

Manuel de thérapeutique et de matière médicale, par le Dr A.-B. PAULIER, ancien interne des hôpitaux de Paris. 2e édition, revue, corrigée et très augmentée. Un fort vol. in-18 de 1,300 pages, avec 150 figures. Prix. 12 fr.

Manuel d'hygiène publique et privée, par le Dr A.-B. PAULIER, un vol. in-18 de 800 pages. Prix. 8 fr.

Traité élémentaire de Médecine légale, de Jurisprudence médicale et de Toxicologie, par MM. Armand B. PAULIER, ancien interne des hôpitaux de Paris, et F. HÉTET, pharmacien en chef de la marine, professeur de chimie légale et de toxicologie à l'École de médecine navale de Brest; 2 vol. in-18 jésus, formant 1,300 pages, avec 200 figures dans le texte, et 24 planches en couleur hors texte, exécutées avec le plus grand soin. Prix. 18 fr.

ÉVREUX, IMPRIMERIE DE CH. HÉRISSEY.

www.ingramcontent.com/pod-product-compliance
Ingram Content Group UK Ltd.
Pitfield, Milton Keynes, MK11 3LW, UK
UKHW020347230726
13925UKWH00003B/1001